Christof Ehrhart

Erfolgsfaktor PR

Inhalt

Geleitwort

Dieses Buch ist für mich als Kommunikations- und PR-Wissenschaftler eine positive Überraschung: Es ist Christof Ehrhart, dem langjährigen und erfahrenen Kommunikationsmanager, gelungen, ein spannendes, knackig-kurzes und sehr gut lesbares Buch über die Veränderungen und die Zukunft des Kommunikationsmanagements zu schreiben. Auch über die Herausforderungen, denen sich die Akteure dieses Berufsfeldes in den nächsten zehn Jahren gegenübersehen. Dabei gibt der Autor, der seit einigen Jahren seine Erfahrungen auch an Studentinnen und Studenten (z.B. der Universität Leipzig) weitergibt, auch sehr konkrete Hinweise, wie sich Kommunikationsmanagement heute aufstellen muss, um dem Wandel der Gesellschaft und des Berufs gewachsen zu sein.

Dass wir in einer Informations- und Kommunikationsgesellschaft leben, dass Kommunikationsfähigkeit zu einer Schlüsselkompetenz und zum Bestandteil unternehmerischer Wertschöpfung geworden ist, ist schon von einigen anderen gesagt worden. Selten wurde jedoch das Kommunikationsmanagement für Unternehmen in dieser Gesellschaft und ihren Veränderungen so profund analysiert und gleichzeitig auf die Notwendigkeit eines neuen, differenzierten Verständnisses der Kommunikation von Unternehmen, hingewiesen. Nur einige Stichworte:

– PR/Kommunikationsmanagement und Corporate Responsibility hängen nicht nur eng zusammen, sondern müssen organisatorisch im Unternehmen auch zusammen gedacht, strategisch ausgerichtet und organisiert werden;
– Kommunikationsmanagement leistet nicht nur Wertschöpfung für Unternehmen, sondern auch Sinnstiftung und ist damit zugleich ein wichtiger Wettbewerbsfaktor;
– der Kommunikator als Stimmungsmanager;
– Vertrauen als wichtiger Zielwert des Kommunikationsmanagements, muss mit persönlichen „Immunisierungsstrategien" (Menschenkenntnis, Distanz und Haltung) zusammengedacht werden;
– sinnstiftende Erzählungen (Narrative) sind ein Ausweg aus den „medialen Echoräumen";

- Problemlösungen müssen zum Dilemma-Management weiterentwickelt werden;
- die interne Akzeptanz von Corporate Communications und die CEO-Kommunikation nach innen und nach außen sind wichtige Herausforderungen: Nicht nur die Menge, sondern auch die Tonalität der Berichterstattung ist entscheidend;
- als eine (eher unerwartete) Inspirationsquelle für das Kommunikationsmanagement kann der Jazz fungieren: Jazz als Inspiration für agiles Kommunikationsmanagement;
- der Aufbau von Beziehungs- und Sozialkapital innerhalb eines strategischen Orientierungsrahmens des Unternehmens ist — entlang von Kernzielen wie Resilienz, Glaubwürdigkeit, Verantwortung, Strategievermittlung, Differenzierung und operativer Exzellenz entscheidend.

Ehrharts Analysen sind nicht nur Beschreibungen, sondern enthalten auch vielfach Erklärungen. Das Buch gibt auf dieser Basis praktische Hilfestellungen und Ratschläge für Kommunikationsverantwortliche. Dabei sind auch die vielen Literaturhinweise nach jedem Kapitel hilfreich, die unter dem Namen „Literarische Hausapotheke" aufgeführt werden, kein schlechter Einfall im 200. Geburtsjahr des ehemaligen Apothekers Theodor Fontane (der im Übrigen 20 Jahre lang als „Pressagent" für die preußische Regierung gearbeitet hat).

Das Buch bietet eine in die Zukunft gedachte Erfahrungsbilanz an, die gerade Kommunikationsmanagern, die für große Organisationen Verantwortung tragen, eine Reihe nützlicher Denkanstöße und Hinweise gibt. Denkanstöße zu geben, ist ein zentrales Anliegen des Buchs und die gibt es zuhauf! Es lohnt sich, das Buch genau zu lesen, die Analysen und Ratschläge zu reflektieren und — wo für sinnvoll erachtet — umzusetzen.

Univ.-Prof. Dr. Günter Bentele
Berlin/Leipzig, im Juli 2019

Vorwort

Wir leben im Zeitalter der Kommunikation. Begünstigt durch die neuen digitalen Kommunikationskanäle verbringen wir Menschen heute mehr Zeit damit, auch über große räumliche Entfernungen hinweg miteinander im Austausch zu stehen als jemals zuvor. Technologischer Fortschritt trifft hier auf das menschliche Grundbedürfnis nach sozialer Gemeinschaft, das schon Aristoteles mit der treffenden Beschreibung des Menschen als *Zoon Politikon* erkannt hat.

Auch Unternehmen werden von dieser Dominanz des kommunikativen Elements in der Gesellschaft des 21. Jahrhunderts erfasst. Reputation als immaterieller Vermögenswert hat unter den Bedingungen einer kommunikativ vernetzten (Wirtschafts-)Welt eine Bedeutung erlangt, die oft den Wert des materiellen Vermögens — wie er sich etwa in Maschinen, Grundstücken und Bodenschätzen ausdrückt — übersteigt. Das Bewertungsverhältnis zwischen materiellen und immateriellen Vermögenswerten hat sich in den vergangenen 40 Jahren umgekehrt: Mehr als 80 Prozent der *Assets* eines Unternehmens sind heute immateriell, mit Vertrauen, Reputation und Markenwerten als wesentlichen Bestandteilen.[1]

Kein Wunder, dass angesichts dieser Entwicklung die Bedeutung kommunikativer Kompetenzen in Unternehmen immer höher eingeschätzt wird. Basierend auf der Auswertung von 25 Millionen Stellenausschreibungen hat das Datenanalyseunternehmen *Burning Glass Technologies* im Jahr 2015 die erforderlichen grundlegenden Fähigkeiten für 15 ausgewählte Berufsfelder zwischen Management, Forschung und Kundendienst ermittelt. Auf Platz 1 in 13 Berufsfeldern: Kommunikation.[2]

Kommunikationsfähigkeit ist zur Schlüsselkompetenz im Management geworden und zum unerlässlichen Bestandteil der unternehmerischen Wertschöpfung insgesamt. Kaum ein Unternehmen leistet sich heute noch das Risiko, ohne professionelle Kommunikatoren zu agieren, und das Interesse der Geschäftsführungen und Vorstände an Fragen der Kommunikation ist deutlich gewachsen. Warum kann der interessierte Mediennutzer trotzdem fast wöchentlich beobachten, dass kommunikative Rahmenbedingungen bei unternehmerischen Entscheidungen oft nur eine untergeordnete Rolle zu spielen scheinen?

Warum kommt es zu Fehleinschätzungen, die dann oft in der Aussage „Die Idee war gut, aber wir haben nicht überzeugend kommuniziert" gipfeln? Nun, die Gründe sind vielfältig. Zum einen ist das Verständnis von Kommunikationsmanagement als eigenständiger Managementdisziplin, die besonderen Gesetzmäßigkeiten folgt, nicht voll entwickelt und kann auch mit Wunschdenken, Zweckoptimismus oder der *normativen Kraft des Faktischen* nicht überwunden werden. Zum anderen sieht sich die Unternehmenskommunikation als Disziplin mit neuen Herausforderungen konfrontiert, die es erforderlich machen, die etablierten Methoden und Strategien zu hinterfragen.

Angesichts fundamentaler Veränderungen — nicht nur in der Art wie wir kommunizieren, sondern auch wie wir produzieren, konsumieren und politisch interagieren — gilt es für Unternehmen, neuen Zugang zu gesellschaftlichen Anspruchsgruppen zu finden. War hier gestern *Legalität* der entscheidende Maßstab, so wird heute von Mitarbeitern, Konsumenten und kritischen Stakeholdern *Legitimität* eingefordert. Diese *postmoderne Konstellation* setzt das Management dem permanenten gesellschaftlichen Gegenwind aus. Von der Frage, wie gut Manager auf diese Situation vorbereitet sind und wie professionell Unternehmenskommunikation gestaltet wird, um adäquat darauf zu reagieren, hängt der Erfolg eines Unternehmens in Zukunft ab.

Das vorliegende Buch will Praktiker der Kommunikationsdisziplin und Führungskräfte im Management mit der sich rasch verändernden Rolle der Unternehmenskommunikation vertraut machen und Denkanstöße für die erfolgreiche PR von morgen geben. Dabei regt der Text bewusst auch zur Auseinandersetzung mit einschlägigen Klassikern und aktueller Fachliteratur an, um Zusammenhänge zu erkennen und eigene Überlegungen zu vertiefen. Abschließend sollen konkrete Hinweise zur Umsetzung aufzeigen, wie Ansätze zu postmoderner Unternehmenskommunikation aussehen können und welche Auswirkungen diese auf den Beruf des Kommunikationsmanagers haben.

Dieses Buch basiert auf Einblicken und Erfahrungen, die ich in über 25 Jahren der Verantwortung für die Kommunikation international führender Unternehmen sammeln konnte. Den Kommunikationskollegen und den Vorstandsvorsitzenden, die ich auf diesem Wege begleiten durfte, verdanke ich mehr, als ich hier in wenigen Worten sagen kann. Zugleich habe ich über den gesamten Zeitraum meines Berufslebens immer aus tiefster Überzeugung die Nähe zum akademischen Betrieb gehalten. Schon Seneca wusste: *Man lernt, indem man lehrt.* Vor allem den Studentinnen und Studenten sowie meinen Kolleginnen und Kollegen am Institut für Kommunikations- und Medienwissenschaft der Universität Leipzig bin ich dankbar für einen stets fruchtbaren Abgleich zwischen wissenschaftlicher Grundlegung, akademischer Lehre und konkreter Praxis der Unternehmenskommunikation.

Widmen möchte ich dieses Buch meinen Söhnen Tim und Ben, die mir — an der Schwelle zwischen Schulzeit und Studium stehend — manchen guten Hinweis vor allem zum Verständnis der digitalen Medien, aber auch zu den Erwartungen junger Menschen an verantwortungsvolles Unternehmertum gegeben haben. Die Zukunft, über die ich schreibe, werden sie als *Macher* oder *Nutzer* digitaler Kommunikationsangebote selbst gestalten und erleben. Meine Frau hat die Entstehung dieser Publikation mit viel Geduld begleitet und bei der Fertigstellung mit klugem Ratschlag geholfen. So unterstützt, liegt die Verantwortung für alle verbliebenen Unzulänglichkeiten dieses Buchs allein bei mir.

Christof Ehrhart
Lenggries, im April 2019

I. Selbstverständnis – Wer braucht morgen noch PR und wer macht sie?

1 Offene Gesellschaft ohne Kommunikatoren?

Verleger und Journalisten beklagen regelmäßig ein wachsendes Missverhältnis zwischen den Mitteln, die große Unternehmen für Public Relations (PR) bereitstellen und ihren Werbebudgets. Markus Wiegand, bis 2015 Chefredakteur des Branchenmagazins *Wirtschaftsjournalist*, hat seine Sorge über das vermeintlich unkontrollierte Ausgreifen der Imagepflege auf Kosten der journalistischen Qualität medialer Berichterstattung in besonders drastische Worte gepackt und dafür naturgemäß vor allem bei den Unternehmenskommunikatoren Kopfschütteln ausgelöst. Dabei war seine Beschreibung der PR-Leute in Unternehmen und Agenturen als „Parasiten vom Dienst"[1] zwar besonders drastisch − die von ihm zum Ausdruck gebrachte Skepsis gegenüber professioneller Kommunikationsarbeit vor allem der Wirtschaft aber keineswegs neu.

Die Klagen, die in den vergangenen Jahren zunehmend laut wurden, trägt man in der Regel unter dem Hinweis auf das vermeintliche zahlenmäßige Erstarken der PR-Branche gegenüber dem Journalismus vor. Dabei sind verlässliche Zahlen für Deutschland kaum zu ermitteln. Basierend auf repräsentativen Berufsfeldstudien geht man heute von zirka 50.000 festangestellt und frei arbeitenden Journalisten in Deutschland aus.[2] Die Anzahl der ihnen gegenüberstehenden PR-Leute und Kommunikationsmanager wird von Experten ähnlich hoch eingeschätzt. Auch wenn die wirklichen Zahlenverhältnisse unklar bleiben, so scheinen wir noch nicht wirklich „auf dem Weg zur PR-Republik"[3] zu sein, wie der Journalist Peter Podjavorsek in einem Feature für Deutschlandradio spekuliert hat.

Schlechtes Zeugnis schon von Jürgen Habermas

Die gedanklichen Wurzeln des Unwohlseins kritischer Kommentatoren wie Wiegand und Podjavorsek mit der PR reichen in Deutschland zurück bis in die soziologischen Debatten der sechziger Jahre und berühren letztlich die Frage, wer mit welcher Legitimität und welchen Mitteln ausgestattet, einen Beitrag zur Herstellung von Öffentlichkeit leisten darf. Jürgen Habermas hat diese Frage bereits 1962 in seiner (wohlgemerkt politikwissenschaftlichen) Habilitationsschrift „Strukturwandel der Öffentlichkeit" umfassend behandelt und der PR auch gleich ein vernichtendes Zeugnis ausgestellt: „Der Absender (von PR) kaschiert in der Rolle eines am öffentlichen Wohl Interessierten seine geschäftlichen Absichten".[4]

Ein halbes Jahrhundert später wird die grundsätzliche Infragestellung der gesellschaftlichen Wertstiftung von PR zwar differenzierter vorgetragen, das Störgefühl scheint aber unverändert. So musste es den kommunikativen Praktiker schon wundern, wenn die Fachgruppe *Kommunikations- und Medienethik* der *Deutschen Gesellschaft für Publizistik- und Kommunikationswissenschaft* zu ihrer *Jahrestagung 2016 zum Thema: „Die Macht der strategischen Kommunikation"* u. a. mit der These einlud, „dass die Frage, unter welchen Umständen und ob überhaupt strategische Kommunikation und PR ethisch zu rechtfertigen sind, weiter im Raum steht", und in Diskussion darüber in Aussicht stellte, „was man gegen die neue Macht der strategischen Kommunikation tun kann".[5]

Die offene Gesellschaft braucht Journalisten und Kommunikatoren

Besonders bedauerlich ist dieser Hang zur Karikatur der Arbeitsweise von zeitgemäßem Kommunikationsmanagement, weil — bei genauerer und vor allem weniger alarmistischer Betrachtung — eine gesunde Balance von Journalismus und PR im gesellschaftlichen Diskurs geradezu konstituierend bei der Herstellung öffentlicher Meinung wirkt. Die Legitimitätsbelege auch für interessengeleitete Kommunikation liegen in der — von Karl R. Popper bereits 1945 unter dem Eindruck der Katastrophe totalitärer Staaten beschriebenen — „*Offenen Gesellschaft*" auf der Hand.[6] Popper ruft in diesem Zusammenhang Perikles von Athen als Kronzeugen für eine offene Gesellschaft ohne Deutungsmonopole auf: „*Nur wenige sind fähig, eine politische Konzeption zu entwerfen und durchzuführen, aber wir sind alle fähig, sie zu beurteilen.*"[7]

Der langjährige Bundesverfassungsrichter Wolfgang Hoffmann-Riem hat bereits 2011 im Rahmen einer Veranstaltung der *Akademischen Gesellschaft für Unternehmensführung & Kommunikation* darauf hingewiesen, dass natürlich auch Unternehmenskommunikation vom verfassungsrechtlichen

Schutz auf freie Meinungsäußerung umfasst wird: Unternehmensbezogene und öffentlich-staatliche Kommunikatoren stünden „gemeinsam in der Verantwortung, den gesellschaftlichen Akteuren Orientierung zu geben". Und weiter: „Unternehmenskommunikation trägt wesentlich zu einem ausreichenden Informationsgleichgewicht am Markt bei".[8] Journalisten haben also kein Monopol auf Artikel 5 des Grundgesetzes.

Offene Gesellschaft ohne Kommunikatoren: Literarische Hausapotheke

Klassiker

Jürgen Habermas (geb. 1929)
„Strukturwandel der Öffentlichkeit"
Umfassende kritische Auseinandersetzung mit den normativen und empirischen Dimensionen des Begriffs der Öffentlichkeit sowie mit den Bedingungen ihrer Herstellung in der gesellschaftlichen Realität.

Karl R. Popper (1902–1944)
„Die offene Gesellschaft und ihre Feinde"
Unter dem Eindruck der faschistischen und kommunistischen Diktaturen des 20. Jahrhunderts entstandene Streitschrift gegen die ideengeschichtlichen Wurzeln und politischen Manifestationen des Totalitarismus.

Max Weber (1864–1920)
„Gesammelte Aufsätze zur Wissenschaftslehre"
Posthum veröffentlichte Aufsatzsammlung des Klassikers der deutschen Soziologie, in der neben Grundbegriffen wie *Idealtypus* und *Soziales Handeln* auch die *Typen legitimer Herrschaft* behandelt werden.

Fachliteratur

Markus Beiler & Benjamin Bigl (2016)
„100 Jahre Kommunikationswissenschaft in Deutschland"
Ein Jahrhundert nach der Gründung des ersten Instituts für Zeitungskunde an der Universität Leipzig gibt dieser Tagungsband einen interessanten Einblick in den fragmentierten Untersuchungsgegenstand Publizistik und Kommunikation.

Howard Nothhaft (2011)

„Kommunikationsmanagement als professionelle Organisationspraxis"

Auf der Grundlage von teilnehmender Beobachtung praxisnah dargestellte und zugleich theoretisch überzeugend belegte Analyse und Typologisierung von Rollenverständnissen und Vorgehensweisen im Kommunikationsmanagement.

Ansgar Zerfaß & Juliane Kiesenbauer (2014)

„Strategen, Visionäre und Netzwerker in der Unternehmenskommunikation"

Interviewbasierte Bestandsaufnahme des Selbstverständnisses, des Managementansatzes und der Wertbezüge von Kommunikationsleitern und Nachwuchskräften aus dem deutschsprachigen Raum.

2 PR und CR – Senden und empfangen

Fragen unternehmerischer Verantwortung sind nicht erst durch fundamentale Auswüchse wie den Kasino-Kapitalismus in Teilen des Investmentbankings, der 2008 wesentlich zum Entstehen der noch immer nicht vollständig bewältigten weltweiten Finanzkrise beitrug, oder krisenhafte Zuspitzungen wie zuletzt zahlreiche Fälle von Datendiebstahl bzw. -missbrauch ins Bewusstsein der Öffentlichkeit gerückt. Tatsächlich prägen steigende Anforderungen von Anspruchsgruppen wie Mitarbeiter, Kunden und Nichtregierungsorganisationen (NGOs) an nachhaltige Unternehmensführung – neben Globalisierung und Digitalisierung – den sich aktuell rapide vollziehenden Wandel zu einer ökonomischen „Postmoderne"[9].

Die „Meta-Diskurse", wie der französische Philosoph Jean-François Lyotard die Grundfragen gesellschaftlichen Miteinanders nannte, sind im Falle der Wirtschaft im Wandel begriffen.[10] Folgt man der Logik des Lyotardschen Arguments, dann war die ökonomische Moderne von Fragen nach *Prosperität* und *Wachstum* geprägt, während sich für die Postmoderne *Sinn* und *Verantwortung* als Leitwährungen des kommunikativen Austauschs abzeichnen.

Nicht nur „Zeug" verkaufen

Aus dieser Entwicklung ergeben sich offensichtlich auch Herausforderungen für die Unternehmenskommunikation. Zu einem Zeitpunkt, da die Disziplin gerade ihre jahrzehntelange und oft schmerzhafte Häutung von der sporadisch-reaktiv-monologischen traditionellen Öffentlichkeitsarbeit zum systematisch-aktiv-dialogischen modernen Kommunikationsmanagement abgeschlossen hat, stellen einige Beobachter ihre Rolle angesichts der neuen Anforderungen in der wirtschaftlichen Postmoderne gleich wieder in Frage.

Wenn Kommunikationskanäle nicht mehr knapp sind, sondern via Social Media die Grenze zwischen Unternehmen und Stakeholdern hypertransparent wird, warum und wofür bedarf es dann noch professioneller Kommunikatoren? Steht die PR dem Aufbau eines Vertrauensverhältnisses zu kritischen Anspruchsgruppen nicht sogar im Wege? So argumentiert etwa der langjährige PR-Berater Robert Phillips in seinem 2015 erschienenen Buch mit dem programmatischen Titel „Trust me, PR is dead": „Unternehmen, denen man zukünftig vertraut, sind nicht auf PR und Kommunikation aufgebaut. ... Sie interessieren sich für das Wohlbefinden ihrer Kunden und wollen nicht nur Zeug verkaufen."[11]

Ansprache von Vielen, Austausch mit Wenigen

Man kann die Augen vor der Frage nach dem Verhältnis zwischen PR und unternehmerischer Verantwortung — wie sie in Corporate Responsibility- bzw. Corporate Social Responsibility-Funktionen (CR bzw. CSR) organisatorisch verankert wird — kaum verschließen. Tatsächlich können beide Funktionen maßgeblich voneinander lernen und sich hilfreich ergänzen. Wo PR-Manager das Ziel verfolgen, mittels Reputationsaufbau Wahrnehmungen durch Kommunikation zu beeinflussen, streben CR-Manager den Interessenausgleich mit Anspruchsgruppen auf dem Wege der direkten Interaktion an. Während sich die Unternehmenskommunikation auf die Herstellung medialer Signifikanz durch die massenmediale Ansprache von *Vielen* versteht, konzentriert sich die CR auf die Behandlung thematischer Relevanz im dialogischen Austausch mit *Wenigen*. Vereinfacht gesagt: Die PR kann besser senden und die CR besser empfangen.

Wertstiftende PR und CR sind identisch

Im Kreislauf empathischer Kommunikation und Interaktion kann die Grundlage für den Aufbau einer Ressource entstehen, die Klassiker der Soziologie wie Pierre Bourdieu, James Coleman und Robert Putnam mit einem Begriff belegt haben: Sozialkapital.[12] Die Erkenntnis, dass erfolgreiche Organisationen neben der Erreichung ihrer je nach Ausrichtung ökonomischen, politischen oder sozialen Ziele auch gesellschaftlich Akzeptanz erzielen müssen, hat zwischenzeitlich ihren Weg in die wissenschaftliche Behandlung der PR gefunden. Beispielhaft kann hier Peter Szyszka angeführt werden, der zuletzt „Akzeptanz, Wertschätzung und Beziehungskapital" als Grundlagen nachhaltig gelingender Wertschöpfung definiert hat.[13]

Dieser Zusammenhang ist sicher auch einer der Gründe, warum in einigen großen Unternehmen PR und CR in einer Funktion integriert wurden. Wenn Wolfgang Scheunemann, Gründer des angesehenen Deutschen CSR-Forums, im Newsletter seines Unternehmens *dokeo* die Frage stellt, „ob Kommunikation wirklich die richtige Heimat für CR ist"[14], dann hat darauf der PR-Vordenker Paul Holmes bereits 2011 in dem von ihm herausgegebenen Holmes-Report die treffende Antwort gegeben: „Kein Unternehmen kann gelungene PR machen, ohne erfolgreiche CSR-Arbeit zu betreiben. ... In einem Unternehmen, das sich wirklich zu beiden Aufgaben bekennt, sind PR und CSR identisch"[15].

PR und CR – Senden und Empfangen: Literarische Hausapotheke

Klassiker

James Coleman (1926–1995)
„Grundlagen der Sozialtheorie"
Coleman führt das Modell des rational handelnden Individuums in die Soziologie ein und entwirft eine Theorie der Sozialbeziehungen, in der jeder Einzelne seine Ziele nur im Interessensausgleich mit anderen erreichen kann.

Jean-Francois Lyotard (1924–1989)
„Das postmoderne Wissen"
Während er sich mit der Frage beschäftigt, wie in einer Gesellschaft Wissen legitimiert wird, entwirft Lyotard seine Grundthese vom Enstehen der Postmoderne durch die Auflösung der großen sozialen Diskurse.

Niklas Luhmann (1927–1998)
„Soziale Systeme"
Im Rahmen der funktional-strukturalistischen Systemtheorie rückte Luhmann die Selbstreferenz (Autopoiesis) sozialer Systeme in den Mittelpunkt, um mangelnden Austausch zwischen System und Umwelt zu erklären.

Fachliteratur

Jim Macnamara (2016)
„Organizational Listening"
Macnamara definiert die Fähigkeit, Signale aus dem sozialen Umfeld nicht nur zu erfassen, sondern auch als Veränderungsimpuls in die Organisation einzuspielen, als Erfolgsfaktor gelungenen Kommunikationsmanagements.

Peter Szyska (2017)
„Beziehungskapital"
Das theoretische Konstrukt des Sozialkapitals wird auf seine Wirkmächtigkeit im kommunikativen Alltag geprüft und seine Einführung in die Unternehmenspraxis skizziert.

Emilio Gallo Zugaro (2017)
„The Listening Leader"
Der langjährige Kommunikationschef der Allianz zeigt auf, wie Dialog (vs. Monolog) im individuellen Austausch mit kritischen Stakeholdern wie auch in der Positionierung eines global agierenden Unternehmens zum Erfolg führt.

3 Zwei Kulturen – Kompetenzen für die PR von morgen

Wer angesichts der voranschreitenden Digitalisierung medialer Vermittlung und wirtschaftlicher Wertschöpfung über die Zukunft des Kommunikationsmanagements nachdenkt, sieht sich unweigerlich auch mit der Frage nach den erforderlichen Kompetenzen und Befähigungen von PR-Managern der nächsten Generation konfrontiert. Dabei wirkt erschwerend, dass die Frage, ob man durch Ausbildung und Erfahrung Kommunikator *werden* könne oder es angesichts von besonderen Talenten gleichsam *von Geburt an sein* müsse, traditionell kontrovers behandelt wird.

Tatsächlich treten im Anforderungsprofil des Kommunikationsmanagers – um es mit John Neville Keynes (1852–1949) zu sagen – positive Wissenschaft mit einem rationalen Blickwinkel ausgerichtet auf die Frage: „Wie ist die Welt?", normative Wissenschaft mit einem normativen Blickwinkel ausgerichtet auf die Frage: „Wie sollte die Welt sein?", und Kunstfertigkeit – mit dem Ziel der Erreichung bestimmter gestalterischer Ziele – zusammen.[16] Etwas profaner könnte man auch sagen: ein guter PR-Manager ist zu gleichen Teilen Wissenschaftler, Künstler und Handwerker.

Heute wird kaum ein erfolgreicher Kommunikationsprofi leugnen, dass gezielte Ausbildung in Theorie und Praxis ebenso wichtig ist wie das gelegentlich zitierte PR-Gen.

Rationalität und Empathie

Aktuell scheinen sich im Fahrwasser von digitaler Kommunikation, einer zunehmend auf Algorithmen basierten Datenanalyse und einem gelegentlich herbeigeredeten Trend des Kommunikationsmanagements zur „Sozialtechnik" die Gewichte hin zum rationalen Anforderungsprofil zu verschieben.

Damit überträgt sich ein Trend auf das Kommunikationsmanagement, den der britische Physiker und Schriftsteller C.P. Snow schon 1959 in Cambridge im Rahmen seiner epochalen Vorlesung mit dem Titel „Two Cultures" konstatiert hat.[17] Sein Argument: Das geistige Leben der westlichen Welt sei zutiefst gespalten zwischen einer auf Weltveränderung ausgerichteten Kultur der Naturwissenschaften und einer auf die Weltinterpretation ausgerichteten Kultur der Geisteswissenschaften.

C.P. Snow war skeptisch, was die Vermittlungsfähigkeit zwischen beiden Kulturen angeht, obgleich nur in der Kombination von rationalem Gestaltungswillen und empathischem Weltverstehen gelungene Zukunftsgestaltung möglich sei: Beobachter des Verhaltens kritischer Stakeholder und ihrer je unterschiedlichen Weltsichten wissen, dass er richtig lag.

Mit der Digitalisierung der Kommunikation wird aber noch eine weitere Neukalibrierung vorgenommen — nämlich die zwischen Form bzw. Ästhetik auf der einen und Inhalt auf der anderen Seite. Digitale Medien — und damit vor allem die Hard- und Software, auf denen sie basieren — haben ganz wie vorangegangene mediale Innovationen starke ästhetische Wirkungen, die eine Eigendynamik entfalten.

Form und Inhalt

Der amerikanische Bestsellerautor und bekennende Apple-Skeptiker Jonathan Franzen hat 2014 in seiner fulminanten Analyse von Aufsätzen aus der Feder des österreichischen Schriftstellers Karl Kraus (1874–1936) auf die Dichotomie Mac vs. PC hingewiesen: „Besteht nicht das Wesen eines

Apple-Produkts darin, dass man durch seinen bloßen Besitz Coolness erlangt? ... Arbeitet man hingegen an einem klobigen, zweckmäßigen PC, bleibt einem zum Genießen nur die Qualität der eigenen Arbeit".[18] Platt ausgedrückt: Hochwertiger Inhalt, der den Anforderungen der jeweiligen Zielgruppe tatsächlich genügt, bedarf kaum der Aufhübschung durch blinkende Lichter und schrille Klingeln.

Wer über die Kompetenzen zukünftiger Kommunikationsmanager nachdenkt, sollte die Balance zwischen rationalem Gestaltungswillen und empathischer Weltinterpretation ebenso im Blick haben wie jene zwischen virtuoser Beherrschung formaler Gestaltung und inhaltlicher Fundierung.

Im Ersteren steckt die Antwort auf die Frage nach der Zukunftssicherheit der PR im Zeitalter meinungsmachender Algorithmen, oder wie der Futurist Gerd Leonhard es ausdrückt: Wir müssen unsere „Androrithmen"[19] − menschliche Eigenschaften wie Einfühlungsvermögen und Mitteilungsfähigkeit − auf den neuesten Stand bringen. In Letzterem steckt die Unterscheidung zwischen Ornament und Substanz als Grundlage unserer Arbeit.

Robert M. Pirsig, der kürzlich verstorbene Autor von „Zen und die Kunst ein Motorrad zu warten", brachte das so auf den Punkt: „Qualität ist nicht Methode, sie ist das Ziel, auf das die Methode ausgerichtet ist"[20]. Das war und bleibt auch das Erfolgsgeheimnis gelungener Kommunikationsarbeit.

Zwei Kulturen − Kompetenzen für die PR von morgen:
Literarische Hausapotheke

Klassiker

Daniel Bell (1919−2011)
„Die nachindustrielle Gesellschaft"
Im Mittelpunkt steht die Frage, wie sich Gesellschaften unter den Bedingungen beschleunigten technologischen Wandels verändern und welche Auswirkungen dies auf den einzelnen Menschen hat.

Marshall McLuhan (1911−1980)
„Understanding Media. The Extensions of Man"
McLuhan versteht Medien als Erweiterungen und Auslagerungen des Menschlichen,

die Gesellschaft mehr durch ihre Nutzungsbedingungen und Rezeptionsanforderungen verändern als durch die transportierten Inhalte.

Neil Postman (1931–2003)
„Wir amüsieren uns zu Tode"
Behandelt wird am Beginn des sich entfaltenden digitalen Zeitalters die Frage, wie wertvoller öffentlicher Diskurs noch stattfinden kann, wenn die inhaltliche Vermittlung nur noch unter dem Gesichtspunkt der Unterhaltung stattfindet.

Fachliteratur

Erik Brynjolfsson & Andrew McAfee (2016)
„The Second Machine Age"
Ein visionärer Blick auf die wirtschaftlichen Veränderungen in Folge von Big Data, Robotik und Künstlicher Intelligenz und wie sich die Menschen in ihrer Ausbildung und ihrem Berufsleben darauf einstellen müssen.

Øyvind Ihlen, Betteke van Ruler, Magnus Fredriksson (2009)
„Public Relations and Social Theory"
In diesem Sammelband wird PR unter dem Blickwinkel eines breiten Spektrums sozialwissenschaftlicher Theorien behandelt und damit auch in einen gesamtgesellschaftlichen Zusammenhang eingebettet.

Ulrike Six, Uli Gleich, Roland Gimmler (2007)
„Kommunikationspsychologie und Medienpsychologie"
Das Lehrbuch bietet einen umfassenden Überblick zu den psychologischen (und sozialwissenschaftlichen) Grundlagen von Kommunikationsbeziehungen und Medienwirkungen.

4 Lackmustest – Gibt es richtige PR im falschen Umfeld?

Wir leben im Informationszeitalter und die Diskussion über die Folgen neuer digitaler Kommunikationswege für die Profession des Kommunikationsmanagements ist in vollem Gange. Lag der Fokus der Betrachtung hier zunächst vor allem auf den handwerklichen Fähigkeiten im Umgang mit den neuen Kanälen und Plattformen und deren Integration in wirksame kommunikative Strategien, so tritt jetzt zunehmend auch die Frage der Haltung und Werte des Kommunikators in den Vordergrund. In der 2017 erschienenen Studie „Communication Excellence", die auf den Befragungen des *European Communication Monitor* seit 2007 basiert, werden zu den entsprechenden Schlüsselkompetenzen neben Fähigkeiten und Wissen folgerichtig auch persönliche Eigenschaften wie Glaubwürdigkeit und Verantwortungsbewusstsein gezählt, wenn es um — wie die Autoren es nennen — „scharfsinniges" Kommunikationsmanagement geht.[21]

Tatsächlich ist die Frage nach der Ethik in der Kommunikationsarbeit nicht neu, im Gegenteil. Horst Avenarius, langjähriger Kommunikationschef von BMW und Ehrenvorsitzender des Deutschen Rats für Public Relations (ein Organ der freiwilligen Selbstkontrolle des PR-Berufsfelds), lieferte sich bereits 2008 einen Schlagabtausch mit dem zwischenzeitlich emeritierten Münsteraner Kommunikationswissenschaftler Klaus Merten über die Frage, ob PR-Arbeit ohne Verdrehung der Wahrheit bis hin zur Lüge überhaupt möglich sei — was Merten in Frage stellte und Avenarius kategorisch einforderte.[22]

Wahrheit als Maßstab

Zwischenzeitlich wurde 2012 der vor allem von Günter Bentele energisch vorangetriebene Deutsche Kommunikationskodex verabschiedet, der dem Praktiker Grundsätze integrer Kommunikationsarbeit an die Hand gibt. Hierin finden sich unter anderem auch klare Regeln zum Umgang mit der Wahrheit: „PR- und Kommunikationsfachleute sind der Wahrheit verpflichtet, verbreiten wissentlich keine falschen und irreführenden Informationen oder ungeprüfte Gerüchte"[23]. Es geht noch plakativer: Die ehrwürdige PR-Standesorganisation Arthur W. Page-Society, benannt nach dem legendären Kommunikationschef des US-amerikanischen Telekommunikationsriesen AT&T, der in der ersten Hälfte des 20. Jahrhunderts mit wenigen anderen die Grundlagen der modernen PR-Praxis schuf, verlangt von ihren Mitgliedern gemäß ihrer „Page Principles" ganz einfach: „Tell the truth"[24].

Crima Schlangenzunge in J. R. R. Tolkiens „Herr der Ringe", Nick Naylor in Christopher Buckleys „Thank you for Smoking", Remy Danton in der TV-Serie „House of Cards": Die Liste der in Literatur, Kino und TV dargestellten skrupellosen Sprecher ist lang.[25] Und eines haben sie alle gemeinsam: mit der Wahrheit nehmen sie es nicht so genau. Und das ganz bewusst. Wer hier reflexartig *Foul* rufen will, dem bleibt dann gelegentlich im Zeitalter von aus dem Ruder gelaufenem Spin Doctoring, gezielten Fake News und sonstigen monumentalen Laubsägearbeiten selbsternannter kommunikativer Heilsbringer der Ruf im Halse stecken. Umgekehrt wird aber auch ein Schuh daraus: Wie verhindert man eigentlich als Kommunikationsmanager, selbst zum Spielball fragwürdiger Interessen zu werden? Oder um die Frage in Anlehnung an eine Formulierung von Theodor W. Adorno zu stellen: Gibt es ein richtiges PR-Leben im falschen Umfeld?[26]

Vertrauen und Immunisierung zugleich

Die Antwort ist nicht trivial: PR-Leute arbeiten im Gegensatz zu Journalisten, die sich mit induktiver Haltung völlig offen dem Gegenstand ihrer Recherche widmen (sollten), konsequent deduktiv. Die Arbeitshypothese lautet: Mein Unternehmen, meine Organisation verfolgt berechtigte Interessen, und diese zu verteidigen ist Teil der Aufgabenbeschreibung und des individuellen Selbstverständnisses zugleich. Wer kann aber in zunehmenden komplexen Organisationen, die in sich immer rascher verändernden medialen Kontexten agieren, noch den Überblick behalten? Ohne Vertrauen in das Management und die Kollegen geht es bei aller gebotenen kritischen Distanz einfach nicht. Aber das kann natürlich auch enttäuscht werden. Und das hat für den Kommunikator, der letztlich seine persönliche Glaubwürdigkeit zu Markte trägt, fatale Folgen.

Drei Immunisierungsstrategien scheinen angemessen, um den Lackmustest der kommunikativen Integrität dauerhaft zu bestehen: Menschenkenntnis, Distanz und Haltung. Als PR-Manager und -Sprecher arbeitet man immer für konkrete Personen und dient eben nicht nur einer abstrakten Organisation. Für oder gegen diese Menschen muss man sich entscheiden. Bei aller Begeisterung für die Kollegen und die Produkte bzw. Dienstleistungen, für die sie stehen, braucht es eine gesunde Distanz, um im kleinen Kreis Beobachtungen zu machen, die sich eventuell im großen Unternehmen zu fundamentalen Problemen skalieren. Eine fundierte geistes- oder sozialwissenschaftliche Ausbildung und auch die selbstgewählte Begrenzung der Verweildauer an einem Ort können hier hilfreich sein. Und zuletzt Haltung: Wer gerade in Zeiten krisenhafter Zuspitzung nicht zum Sprachrohr undurchschaubarer Interessen werden will, muss auch unbequeme Fragen stellen.

Lackmustest – Gibt es richtige PR im falschen Umfeld?:
Literarische Hausapotheke

Klassiker

Hannah Arendt (1906–1975)
„Vita activa"
Im Rahmen ihres philosophischen Hauptwerks entwirft Hannah Arendt ein Idealbild des zugleich schöpferisch arbeitenden und politisch handelnden Menschen, der sich seiner Freiheit jederzeit bewusst ist.

George Orwell (1903–1950)
„1984"
Zeitlose Dystopie einer Gesellschaft der totalen Kontrolle, in der die Realität inklusive der menschlichen Natur durch *sprachpolizeiliche* Massnahmen im Rahmen umfassender Propaganda den Zielen des Staates angepasst wird.

Dolf Sternberger (1907–1989), et al.
„Aus dem Wörterbuch des Unmenschen"
Im Rückblick auf die nationalsozialistische Propaganda unterziehen die Autoren deren monströse Sprachprägung einer kritischen Analyse und mahnen vor oftmals sublimen Formen geistiger Brandstiftung.

Fachliteratur

Carsten Knop (2015)
„Gescheiterte Titanen"
Der profilierte Wirtschaftsjournalist Knop beschreibt die neuen Herausforderungen, die das mediale Zeitalter für Wirtschaftskapitäne bereithält, und gibt Beispiele für Scheitern und Gelingen.

Dov Seidman (2007)
„How"
Am Ende einer Erkundungsreise in die Motivationswelt des Menschen im 21. Jahrhundert, steht die Erkenntnis, dass wirtschaftlicher (und persönlicher) Erfolg zukünftig nicht nur vom *Was*, sondern auch vom *Wie* abhängt.

Peggy Simcic Brønn, Stefania Romenti, Ansgar Zerfass (2016)
„The Management Game of Communication"

Sammelband, der das Umfeld des Kommunikators im Unternehmen beleuchtet und der Frage nachgeht, wie Kommunikationsmanagement in der Praxis gelebt wird und wie man sich auf diese Praxis vorbereiten kann.

5 Der Kommunikator als Stimmungsmanager

Für erfahrene Praktiker unserer Disziplin ist es keine Neuigkeit: PR-Manager werden dafür bezahlt, sich auch um Dinge zu kümmern, für die in einer großen arbeitsteiligen Organisation keiner zuständig ist. Der Bogen reicht von diffusen Kooperationsanfragen ohne klaren Adressaten über gelegentlich noch in Sütterlin verfasste oder zahlenmystisch begründete Kundenbeschwerden bis hin zu der mit allerlei Fallstricken versehenen alljährlichen Schicksalsfrage: Wie gestalten wir die Weihnachtskarte?

Die Problemstellung reicht aber tiefer. Es gehört zur Berufsbeschreibung des Kommunikationsmanagers, dort Verantwortung zu übernehmen, wo es eigentlich keine individuelle Verantwortung geben kann. Niemand kann ernsthaft annehmen, das öffentliche Ansehen eines Unternehmens hinge von einer einzelnen Person ab oder ließe sich vom archimedischen Punkt des Kommunikationsmanagements aus beliebig gestalten.

Diese Arbeit braucht kein Mensch?

Vermutlich ist die Unmöglichkeit der Aufgabe auch der Grund dafür, warum Kommunikationsmanager es so schwer damit haben, der Familie, Freunden und manchmal auch sich selbst zu erklären, worin eigentlich der eigene Wertbeitrag besteht. Der amerikanische Ethnologe David Graeber hält sich hier mit einer weiteren Differenzierung nicht auf und reiht die Arbeit von PR-Leuten und Lobbyisten in seinem neuesten Buch mit dem sprechenden Titel „Bullshit-Jobs" in die Kategorie von überflüssigen Aufgaben mit allenfalls ritueller Funktion ein. Dabei gehören die Unternehmenskommunikatoren seiner Auffassung nach zum Grundtypus der sogenannten „Schläger", deren Arbeit zentral ein „agressives Element" beinhalte.[27] Auch wenn uns damit die Zuordnung zu den „Lakaien", „Flickschustern", „Kästchenankreuzern" und „Aufgabenverteilern" erspart bleibt, so ist das Urteil doch wenig schmeichelhaft.[28] Jürgen Kaube verwies in der Frankfurter Allgemeinen Sonntagszeitung auf die Argumentation von Graeber und titelte: „Diese Arbeit braucht kein Mensch".[29]

Man kann sich mit dieser Sichtweise auf verschiedene Arten auseinandersetzen. Zunächst einmal ist die professionelle Unternehmenskommunikation nicht im gesellschaftlichen Vakuum entstanden. Das würde sich, vor allem in der Wirtschaft, mit dem Ziel der Kostendisziplin kaum vertragen. Der Ressourcenaufbau in den Unternehmen, wie er in Deutschland seit den 70er-Jahren des letzten Jahrhunderts stattgefunden hat, war eine Reaktion auf den gesellschaftlichen Wandel. Der Historiker Bernhard Diez von der Universität Mainz schreibt hierzu: „Für die Unternehmen war ‚1968‘ eine mediale und politische Provokation, auf die … zunehmend auch mit Dialogbereitschaft, professionalisierter Öffentlichkeitsarbeit und schließlich mit Absorption von Kritik und Reformbereitschaft geantwortet wurde."[30]

Kommunikationsmanager vermitteln traditionell zwischen den — in der Regel von Medien vorgetragenen — Erwartungen der Gesellschaft und den Interessen ihrer Organisation. Diese Aufgabe besteht nicht zuletzt in der seismografischen Aufzeichnung und Bewertung von relevanten kommunikativen Schwingungen. Spielt schon dabei die Fähigkeit zur Empathie im Umgang mit kritischen Anspruchsgruppen eine wesentliche Rolle, so sind die Anforderungen an das Einfühlungsvermögen im Umgang mit internen Stimmungslagen mindestens ebenso groß. Dies umso mehr, als die Menge der von außen an eine Organisation und ihre Führung herangetragenen Reize permanent zunimmt. Der Kapitalismuskritiker Guy Debord würde sich in seiner bereits in den 60er Jahren des letzten Jahrhunderts formulierten Hypothese bestätigt fühlen, dass das „permanente Spektakel zur Weltanschauung" geworden ist.[31] Der Philosoph Christoph Türcke spricht von der „erregten Gesellschaft".[32]

Kommunikative Ohnmachtsgefühle bewältigen

Tatsächlich besteht eine der wesentlichen Aufgaben des professionellen Kommunikators darin, Stimmungen zu managen und Erregungen zu bewältigen, damit — vereinfach gesagt — die Organisation und ihre Führung einen kühlen Kopf behält. Dafür braucht es emotionale Intelligenz und auch eine gute Kenntnis der eigenen Persönlichkeit. Wer schon einmal den Fragebogen des psychologischen *Hogan Assessments* zum Persönlichkeitsprofil ausgefüllt hat, versteht den Zusammenhang sehr gut.

Die Arbeit des besonnenen PR-Managers ist damit exakt das Gegenteil des bereits oben erwähnten Graeberschen *Schlägers*. Er sortiert Kritik ein, trennt Polemik von wesentlichen Punkten, unterscheidet zwischen allgemeinen Anwürfen und persönlichen Angriffen. In Politik und Wirtschaft wird mit hohem Einsatz gekämpft, und die Akteure sind in ihrem direkten Gestaltungsbereich sehr wirkmächtig. Das mögliche Ohnmachtsgefühl angesichts harscher Kritik von außen bedarf der Bewältigung, um — im Zeitalter der Sozialen Medien leicht mögliche — publizistische oder rhetorische Übersprungshandlungen zu vermeiden. Heinrich von Kleist hat die entsprechenden Risiken schon zu Beginn des 19. Jahrhunderts in seinen Gedanken „Über die allmähliche Verfertigung der Gedanken beim Reden" klar benannt: „Ich glaube, dass mancher große Redner, in dem Augenblick, dass er den Mund aufmachte, noch nicht wusste, was er sagen würde".[33]

Der Kommunikator als Stimmungsmanager: Literarische Hausapotheke

Klassiker

Albert Camus (1913–1960)
„Der Mythos von Sisyphos"
Camus beschreibt Sisyphos, der im antiken Mythos unablässig einen Felsblock auf einen Gipfel wälzen muss, von dem dieser sogleich wieder herabrollt, als glücklichen Menschen – solange er sein Schicksal annimmt und Haltung bewahrt.

Sigmund Freud (1856–1939)
„Das Unbehagen in der Kultur"
Eine Reise in die Widersprüche zwischen dem Glücksstreben des Menschen *(Lustprinzip)* und den Begrenzungen, die sich aus der eigenen Natur und der Gesellschaft ergeben *(Realitätsprinzip)*.

Abraham Maslow (1908–1970)
„Motivation und Persönlichkeit"
Maslow erklärt das Handeln des Menschen entlang von Motivationen, die sich aus der Befriedigung hierarchisch geordneter Grundbedürfnisse ergeben. An der Spitze der Bedürfnispyramide steht das Ziel der Selbsterwirklichung.

Fachliteratur

Steffen Burkhardt (2006)
„Medienskandale"
Entstehung und Verlauf von Medienskandalen werden systematisch analysiert und durch Verweise auf gesellschaftliche Rahmenbedingungen wie auch auf die Interessenlagen der handelnden Akteure in ihrer Subjektivität erfasst.

Clayton Christensen (2012)
„How will you measure your life?"

Christensen, der eigentlich für seine bahnbrechenden Theorien zur wirtschaftlichen Wirkung technologischer Disruptionen bekannt ist, legt überzeugend dar, warum man sich im Leben seiner Motivationen bewußt sein sollte und wie man sie erkennt.

Daniel Kahneman (2011)
„Schnelles Denken, langsames Denken"

Kahneman unterscheidet eine schnelle, instinktive Denkart des Menschen von der langsamen, logischen Fähigkeit zur Reflexion und erkennt, warum es beide *Denksysteme* braucht, um gute Entscheidungen zu treffen.

II. Leistungsbeitrag –
Welchen Mehrwert stiftet die PR zukünftig?

1 Aufbruch in das Zeitalter nachhaltiger Kommunikation

Just in dem Augenblick, da ihr angesichts der Herausforderungen der ökonomischen Postmoderne – wie Digitalisierung, Globalisierung und Nachhaltigkeit – und der in der Folge entstandenen neuen Unübersichtlichkeit in den politischen, wirtschaftlichen und sozialen Verhältnissen endlich die Aufmerksamkeit zuteilwird, die sie sich immer gewünscht hat, durchläuft die Disziplin des Kommunikationsmanagements in Praxis und Wissenschaft eine Phase des fundamentalen Wandels. Thomas Kuhn hat in den sechziger Jahren mit seinen Betrachtungen über die „Struktur wissenschaftlicher Revolutionen" den – zugegebenermaßen zwischenzeitlich sehr strapazierten – Begriff für Umbrüche dieser Art geprägt: „Paradigmawechsel".[1]

Altes Paradigma der Kommunikationsarbeit ist brüchig

Im Kommunikationsalltag von Unternehmen wie auch öffentlichen Einrichtungen und Institutionen und auch in der wissenschaftlichen Behandlung von Kommunikation werden zunehmend Phänomene beobachtet, die sich mit dem seit Edward Bernays[2] und Arthur Page[3] gültigen Paradigma der Kommunikationsarbeit nicht in Übereinstimmung bringen lassen. Thomas Kuhn hätte das stillschweigende Einverständnis der Praktiker zu einer auch von frühen Erkenntnissen der Kommunikationswissenschaft unterstützten Vorgehensweise, die vom Sender auf eine Zielgruppe ausgerichtet ist, um über kontrollierte mediale Kanäle Zustimmung zu erwirken, „Normalwissenschaft"[4] genannt. Seine Definition einer auf die Einordnung neuer Beobachtungen in das vorhandene Weltbild ausgerichteten wissenschaftlichen Vorgehensweise lässt sich auch auf die kommunikative Praxis des massenmedialen Zeitalters seit der Mitte des 20. Jahrhunderts übertragen: „Normale Wissenschaft, die Tätigkeit des Rätsellösens, …, ist ein höchst kumulatives Unternehmen. Sie strebt nicht nach neuen Tatsachen und Theorien und findet auch keine, wenn sie erfolgreich ist."[5] Die Abkehr von der Normalwissenschaft beginnt laut Kuhn mit dem Auftreten einer „Anomalie, das heißt mit der Erkenntnis, dass die Natur in irgendeiner Weise die von einem Paradigma erzeugten ... Erwartungen nicht erfüllt hat"[6].

Beispiele für Anomalien, die ein neues Paradigma für das Kommunikationsmanagement einfordern, sind die geografische und temporale *Hypertransparenz*, die im Zeitalter der sozialen Medien gesellschaftliche Legitimität noch vor juristischer Legalität zum Bewertungsmaßstab unternehmerischen Handelns gemacht hat, das auf Algorithmen basierte *Communicative Engineering* zur Gestaltung öffentlicher Meinung und die Relativierung objektiver Tatsachen durch neue technologische Möglichkeiten der digitalen Manipulation und Propaganda.

Einem neuen Paradigma geht laut Kuhn eine „Periode ausgesprochener fachwissenschaftlicher Unsicherheit voraus"[7]. Auch wir erleben in unserer Disziplin aktuell viele Brüche und Nahtstellen zwischen der auf die Beeinflussung von Zielgruppen ausgerichteten Öffentlichkeitsarbeit von gestern und dem an den Interessen von Stakeholdern orientierten Kommunikationsmanagement von morgen. Dabei sind in der Praxis gleich drei Dimensionen im Wandel begriffen: die Rolle des Kommunikationsmanagers selbst sowie die *Währungen* und die Arbeitsweisen des Kommunikationsmanagements.

Leitendes Management einen Schritt weiter

Es ist bemerkenswert, wie deutlich sich der beschriebene Wandel in den Einschätzungen der Kommunikationsmanager zu ihrer eigenen Rolle zeigt. Die *Akademische Gesellschaft für Unternehmensführung & Kommunikation* hat bereits im Herbst 2013 die Ergebnisse einer empirischen Vergleichsstudie veröffentlicht, in deren Rahmen 602 Vorstände und Geschäftsführer bzw. 1.251 Kommunikationsmanager deutscher Unternehmen zu ihrem Rollenverständnis und den Aufgaben des Kommunikationsmanagements befragt wurden. Wer bisher geglaubt hatte, ein auf kommunikative Kontrolle fixiertes Topmanagement halte die der Transparenz verpflichteten Kommunikatoren im Zaum, rieb sich angesichts der Ergebnisse dieser Studie überrascht die Augen. 69 Prozent der leitenden Manager bekannten sich zu „Transparenz und Offenheit gegenüber relevanten Zielgruppen", während hier nur 41 Prozent der Kommunikationsmanager zustimmten. Und nur beruhigende 30 Prozent der Topmanager empfahlen den kommunikativen Nebelwurf, im Rahmen dessen man „möglichst viele Informationen unstrukturiert veröffentlicht", als eine vielversprechende Strategie, während fast die Hälfte der Kommunikationsmanager (49 Prozent) dieses Mittel für angemessen hielt.[8]

Es scheint, als wäre das gesamtleitende Management vielfach bereits im Zeitalter der nachhaltigen Kommunikation mit erfolgskritischen Stakeholdern angekommen, während mancher Kommunikationsexperte noch den gefährlichen Traum von der Machbarkeit der öffentlichen Meinung träumt: „The single biggest problem in communication is the illusion that it has taken place", hätte George Bernard Shaw dies kommentiert.[9]

Aufbruch in das Zeitalter nachhaltiger Kommunikation: Literarische Hausapotheke

Klassiker

Thomas S. Kuhn (1922–1996)
„Die Struktur wissenschaftlicher Revolutionen"
Das immer wieder als zu vereinfachend kritisierte, aber stets als Referenz angeführte Standardwerk zur Entwicklung des wissenschaftlichen Fortschritts durch das Entstehen, Reifen und Untergehen von rahmensetzenden Paradigmen.

Mario Perniola (1941–2018)
„Wider die Kommunikation"
Der Philosoph Perniola kritisiert die zunehmende soziale Verpflichtung zur Kommunikation und stellt den Leistungsbeitrag dieses *kommunikativen Despotismus,* der nicht zu mehr Klarheit, sondern zu größerer Beliebigkeit führen könne, in Frage.

Adam Smith (1723–1790)
„The Theory of Moral Sentiments"
Der geistige Vater der *unsichtbaren Hand* entwirft hier noch vor seiner Beschäftigung mit den Mechanismen des Marktes eine Theorie der ethischen Gefühle, in deren Mittelpunkt am wechselseitigen Wohlergehen interessierte Individuen stehen.

Fachliteratur

Arthur W. Page Society Report (2007)
„The Authentic Enterprise"
Auf einer internationalen Befragung von führenden Kommunikationsmanagern

basierende Neuvermessung der Positionierung von Unternehmen zwischen geschäftlichen Interessen und gesellschaftlichen Erwartungen.

R. Edward Freeman (1984)
„Strategic Management. A Stakeholder Approach"
Freeman stellt den Aufbau von gelungenen Beziehungen zu allen internen und externen Anspruchsgruppen des Unternehmens in den Mittelpunkt eines Managementmodells, das über klassische Ziele der Gewinnsteigerung hinausgeht.

David Waller & Rupert Younger (2017)
„The Reputation Game"
Praxisnahe Darstellung neuer Anforderung an Unternehmenskommunikation angesichts gestiegener Erwartungen der Stakeholder und neuer Kommunikationswege im digitalen Zeitalter.

2 Sinnstiftung durch Kommunikation

Zu den prägendsten Phänomenen an der Schwelle zur Neuzeit gehörte ein tiefgreifender Prozess der Rationalisierung, der alle Lebensbereiche berührt hat. Dabei haben viele Gegenstände, Ereignisse und Einrichtungen ihren zuvor oftmals mystischen Charakter verloren. Vor allem die Geltungskraft universeller religiöser Maßstäbe hat stark an gesellschaftlicher Relevanz eingebüßt. Der Fortschritt in den Wissenschaften führte zur „Entzauberung der Welt", wie es Max Weber 1917 in seinem Vortrag „Wissenschaft als Beruf" zum Ausdruck brachte. Man muss heute nicht mehr „zu magischen Mitteln greifen, um Geister zu beherrschen oder zu erbitten. Sondern technische Mittel und Berechnung leisten das".[10]

Im Zuge dieser Entzauberung ist eine Gegenwart entstanden, in der zwar nahezu alles eine rationale Erklärung hat, der aber allgemeingültige, sinngebende Ordnungen zunehmend fehlen. Viele Menschen nehmen einen Sinnverlust wahr und versuchen diese Lücke zu füllen. Die blühende Ratgeberliteratur in den Bereichen Lebenshilfe und Spiritualität ist nur ein Zeichen dieser anhaltenden Suche nach Orientierung. Die Welt wird gleichsam *wiederbeseelt* — nur eben in anderer Weise als zuvor.

Von der Entzauberung zum Purpose

Auch Unternehmen verschreiben sich zunehmend Zielen, die weit über den wirtschaftlichen Aspekt ihrer Tätigkeit hinausgehen. Ein Unternehmenszweck oder *Purpose* stellt heraus, welchen gesellschaftlichen Leistungsbeitrag das Unternehmen erbringt und wie jeder einzelne Mitarbeiter zum großen Ganzen beiträgt — und ist so auch Anknüpfungspunkt für Wertschätzung. Mitarbeiter bilden idealerweise eine Gemeinschaft, die Werte lebt und Anerkennung vermittelt. Natürlich hat es dies vereinzelt immer schon gegeben — heute ist daraus jedoch eine zunehmend breiter werdende Bewegung entstanden.

Nicht nur wertschöpfende Aufgaben zu erledigen, sondern auch eine sinnstiftende Rolle wahrzunehmen, ist für Unternehmen vor dem beschriebenen Hintergrund eine logische Entwicklung. Gerade *weil* die moderne Arbeitswelt im Leben so vieler Menschen einen so breiten Raum einnimmt, wäre eine komplett rationalisierte Arbeitswelt auch eine sinnentleerte Arbeitswelt. Das sollte weder Ziel noch Nebeneffekt von Unternehmenstätigkeit sein und würde zugleich ihren Erfolg gefährden.

Weltweiter Wettbewerb und permanenter Wandel machen es heute für Unternehmen zu einer existenziellen Herausforderung, die richtigen Mitarbeiter zu finden und kontinuierlich zu motivieren. Dies umso mehr angesichts gestiegener Anforderungen von Arbeitnehmern, die sinnhafte Tätigkeiten und gesellschaftliche Leistungsbeiträge heute neben den rein materiellen Aspekten ihres Broterwerbs konsequent einfordern. Sinnstiftung ist damit nicht nur wichtiges Differenzierungsmerkmal im Wettbewerb. Sie ist auch ein wesentlicher Attraktivitätsfaktor, der sich positiv auf die *intrinsische* Motivation der Mitarbeiter auswirkt.

Mit systematischer Kommunikation Voraussetzungen schaffen

Wenn Sinnstiftung heute zu einem Schlüsselfaktor geworden ist, dann ist es nicht alleine damit getan, die Geschäftsphilosophie auf den Prüfstand zu stellen. Auch der Kommunikation fällt eine Schlüsselfunktion zu. Denn Kommunikatoren wirken als Mittler zwischen innen und außen und so auch als Vermittler dessen, was ein Unternehmen Menschen bieten kann. Nachhaltige Kommunikationsarbeit steht dabei zunächst vor der Frage, mit welcher Ausrichtung sie zu diesem Ziel am besten beitragen kann.

Diese Frage kann nur mit Blick auf die sich verändernden Umweltbedingungen von Kommunikation beantwortet werden. Dabei sticht eine Entwicklung besonders hervor: die immer tiefere gegenseitige Durchdringung der gesellschaftlichen und wirtschaftlichen Sphäre. Damit verknüpft sind die dichte globale Vernetzung und der Digitalisierungsschub, der den Informationsaustausch enorm beschleunigt hat. In einem solchen Umfeld verliert die kontrollierte Kommunikation von innen nach außen ihr Alleinstellungsmerkmal.

Erforderlich ist stattdessen eine neue Logik, die Kommunikationsarbeit weniger als Einbahnstraße versteht, sondern stärker auf offenen Dialog mit Hilfe überzeugender Argumente setzt. Zugleich erfordert dies die stete Bereitschaft, sich ernsthaft mit den gesellschaftlichen Erwartungen auseinanderzusetzen. In der Praxis erweist sich angesichts dieser Herausforderungen eine Kombination von *empathischer* externer und *nachfrage-orientierter* interner Kommunikationsarbeit als erfolgreich.

Empathie steht dabei im Zentrum dieser Neujustierung von Kommunikation: Mehr denn je müssen Unternehmen heute über eine gut ausgebildete Sensorik für gesellschaftliche Impulse verfügen. Denn diese befähigt sie, zu erkennen, wie sich gesellschaftliche Erwartungen bilden und wann sie sich wandeln. Darüber hinaus können nur Unternehmen mit einem hinreichenden Gespür für ihr Umfeld ihre Rolle als Sinnstifter so definieren, dass sie für die eigenen Stakeholder relevant bleiben.

Dialog-Orientierung nach außen und Nachfrage-Orientierung nach innen stehen für eine Kommunikation, die konsequent auf die Bedürfnisse der eigenen Mitarbeiter wie auch des externen Umfeldes ausgerichtet ist. Diese Grundausrichtung kann aber nur Voraussetzung sein, wenn es darum geht, Sinnstiftung zu transportieren. Wer Tag für Tag und im wechselnden Kontext Menschen überzeugen will, muss dabei vor allem auf die richtigen Themen — insbesondere Personalthemen — setzen.

Individuelle Sinnstiftung durch Kommunikation

Mitarbeiterinnen und Mitarbeiter sind wesentliche Adressaten von Kommunikationsarbeit. Schließlich gilt es, bisherige und neue Mitarbeiter für sinnstiftende Tätigkeiten zu gewinnen und dauerhaft zu motivieren. Um dies zu erreichen, müssen auch Themen der Personalarbeit kontinuierlich zum Gegenstand der Kommunikation gemacht werden.

Ein wesentlicher thematischer Ausgangspunkt für Sinnstiftung liegt stets auf der übergeordneten Ebene der Geschäftsphilosophie bzw. des unternehmerischen Leitbilds, das sich – idealerweise – ganz explizit dem Ziel (Purpose) verschreibt, das Leben von Menschen positiv zu beeinflussen.

Neben Sinnstiftung auf individueller Ebene stehen Unternehmen heute auch vor der Aufgabe, sozial sinnstiftend zu wirken. Dazu gehört es insbesondere, den eigenen gesellschaftlichen Leistungsbeitrag zu dokumentieren. Geboten ist dies schon allein mit Blick auf die gesellschaftliche Akzeptanz. Doch eine solche Ausrichtung führt auch zu neuen Chancen: Denn Unternehmen, die ihr eigenes Umfeld überzeugen, erschließen sich auch leichter externe Ideen und Innovationen, die zu neuen Geschäftsmodellen führen können.

Den gesellschaftlichen Leistungsbeitrag dokumentieren

Unternehmen müssen also ihre Leistungsparameter an den gesellschaftlichen Erwartungen ausrichten und die erzielten Resultate dokumentieren. Dies gilt für ihre Leistungsfähigkeit als Arbeitgeber und für ihre Nachhaltigkeit gleichermaßen. Zu den in der Berichterstattung vermittelten Themen mit direktem Bezug zu den Mitarbeitern können neben Ausbildung oder Personalentwicklung auch die Zahl der Arbeitsplätze und Neueinstellungen, die gebotenen sozialen Leistungen, der Verhaltenskodex, die besonderen Leistungen im Gesundheitsmanagement, beim Arbeitsschutz und bei den Arbeitnehmerbeziehungen zählen.

Den eigenen gesellschaftlichen Leistungsbeitrag kann ein Unternehmen zudem durch die Darstellung seiner Nachhaltigkeitsaktivitäten in entsprechenden Berichten dokumentieren.

Sinnstiftung als Wettbewerbsfaktor

Wir befinden uns in einer Zeit der Beschleunigung und des Wandels. Dazu trägt nicht zuletzt eine neue Generation von Arbeitnehmern bei, die ihre Partizipationsmöglichkeiten aktiv nutzt und die im Beruf zunehmend Wert auf persönliche Sinnstiftung und gesellschaftliche Leistungsbeiträge legt. Damit wird eine Neujustierung des unternehmerischen Selbstverständnisses zum Schlüsselfaktor im Kampf um die besten Köpfe und bei der Sicherung gesellschaftlicher Akzeptanz.

Wenn Sinnstiftung als Aufgabe an Bedeutung gewinnt, erhalten damit auch Themen neues Gewicht, die nicht traditionell im Zentrum klassischer Kommunikationsarbeit stehen: Dies gilt besonders für die Personal- und Nachhaltigkeitsthemen. Allerdings zeigt sich auch, dass Kommunikation nur dann eine dauerhaft überzeugende Vermittlungsleistung erbringen kann, wenn sie auf Substanz basiert. Wer mit großem Aufwand eine künstliche Hochglanzwelt in Szene setzt, riskiert, dass diese Anstrengungen verpuffen, da die Arbeitswirklichkeit dahinter nur verblassen kann.

Wer hingegen als Unternehmen mit angemessener Kommunikation glaubwürdig das eigene Sinnstiftungspotenzial vermittelt, hält einen entscheidenden Schlüssel in der Hand, um sich vom Wettbewerb abzuheben und langfristig erfolgreich zu bleiben.

Sinnstiftung durch Kommunikation: Literarische Hausapotheke

Klassiker

Martin Heidegger (1889–1976)
„Sein und Zeit"
Angesichts der geschlossenen Sprache des Autors sehr anspruchsvoll zu lesen, aber angesichts grundlegender Aussagen zum Verhältnis zwischen *Verstehen, Sein* und *Sinn* menschlicher Existenz sehr inspirierend.

Reinhard Mohn (1921–2009)
„Erfolg durch Partnerschaft"
Lange bevor das Schlagwort *Purpose* seinen Siegeszug in Managementliteratur und Chefetagen antrat, formulierte der Unternehmer Reinhard Mohn mit direktem Bezug zu seinen Praxiserfahrungen, warum Motivation und Identifikation Erfolgsfaktoren sind.

Antoine de Saint-Exupery (1900–1944)
„Der Kleine Prinz"
Nicht nur ein Plädoyer für Toleranz und Freiheit, sondern auch eine beeindruckende Behandlung der Frage, was den Menschen jenseits seiner materiellen Bedürfnisse antreibt.

Fachliteratur

Anthony Bradley & Mark McDonald (2011)
„The Social Organization"
Sinnstiftende Kommunikation wird unter dem Gesichtspunkt des Einsatzes von Social Media konsequent weitergedacht und mit einer Bedienungsanleitung zur Schaffung einer auf gemeinsame Ziele verpflichteten *Sozialen Organisation* konkretisiert.

Fredmund Malik (2014)
„Führen, Leisten, Leben"
Maliks ganzheitliches Führungsmodell verweist auf Sinnstiftung als wesentlichen Grundsatz erfolgreichen Managements und setzt sie in Beziehung zu konkreten Führungsaufgaben und Instrumenten.

Johannes Rüegg-Stürm & Simon Grand (2015)
„Das St. Galler Management-Modell"
In der 4. Generation des St. Galler Management-Modells werden Umwelt, Organisation und Management als *kommunikatives Geschehen* verstanden, das sich u.a. am normativen, strategischen und normativen Sinnhorizont orientiert.

3 Narrative Auswege aus medialen Echoräumen

Populistische Positionen jenseits des etablierten gesellschaftlichen Konsenses haben in den letzten Jahren nicht nur in Deutschland immer breitere Zustimmung gefunden. Bundeskanzlerin Angela Merkel sprach im September 2016 zum ersten Mal von einem heraufziehenden „postfaktischen Zeitalter".[11] Anne Applebaum, Pulitzer-Preisträgerin und renommierte Kolumnistin der Washington Post, hatte im März des gleichen Jahres die westliche Welt bereits mit einem Kassandraruf aufgeschreckt: „Wir sind vielleicht nur zwei bis drei schlechte Wahlentscheidungen vom Ende der liberalen Weltordnung entfernt."[12] Sorgen bereiteten ihr das damals noch anstehende Brexit-Referendum in Großbritannien, die US-Präsidentschaftswahlen im Herbst des gleichen Jahres und die französische Präsidentschaftswahl im folgenden Jahr. Die Ergebnisse sind bekannt.

Wenngleich man der Charakterisierung eines demokratischen Wahlergebnisses als *gut* oder *schlecht* allemal skeptisch begegnen muss, so sind die politischen Konstellationen, auf die sich Applebaum bezieht, ohne Frage bedenklich. In den jeweiligen Debatten gewinnen populistische Positionen unerwartet breite Zustimmung, und die etablierten Parteien finden keine angemessene kommunikative Strategie zur Reaktion. In der Folge werden Wahlergebnisse möglich, die selbst die Meinungsforscher (wie etwa im Falle des Brexit-Referendums) überraschen. Besorgniserregend ist dabei vor allem, dass auch Fakten ihre Rolle als probates Mittel zur Beruhigung der Gemüter verloren haben.

Wie informieren wir uns?

Was sich hier als neues Phänomen der öffentlichen Meinungsbildung entfaltet, haben die Ergebnisse des *Edelman Trust Barometer* im Januar 2016 zum ersten Mal dokumentiert: Zwischen den gut informierten Eliten und den breiten Bevölkerungsschichten entsteht eine wachsende Vertrauenskluft. Gemessen am Vertrauen in Regierung, Wirtschaft, Nichtregierungsorganisationen und Medien — als wesentliche gesellschaftliche Akteure — zeigte sich ein Unterschied von zuvor nie gemessenen 12 Indexpunkten zwischen Informationselite (60) und breiter Bevölkerung (48). Und noch ein weiteres interessantes Ergebnis der damaligen Studie: Unter den drei wichtigsten genutzten Medien der Gesamtbevölkerung sind mit Internetsuche und Sozialen Medien gleich zwei Informationsquellen, die sich nicht an klassischen journalistischen, berufsständischen oder gar wissenschaftlichen Qualitätsstandards orientieren.[13]

Mit rationalen Argumenten (allein) ist die Vertrauenskluft nicht zu überwinden. Die Menschen suchen in einer zunehmend komplexen Welt nach Orientierung, Perspektive und Sinn. Im Zusammenhang mit den sich vor allem durch Flüchtlinge dramatisch beschleunigenden Migrationsbewegungen, die ja zu einem der wesentlichen von Populisten missbrauchten Themenfelder gehören, sprach der damalige stellvertretende UN-Generalsekretär Jan Eliasson 2016 auf dem World Humanitarian Summit der Vereinten Nationen im Beisein des Autors von der Notwendigkeit eines „new narrative", das die Chancen der Einwanderung wieder stärker in den Vordergrund rückt.

Narrative für breite Zielgruppen

In der Vergangenheit war Populismus vor allem die Folge eines begrenzten Informationszugangs. Heute ist er eher eine Folge des Mangels an relevanten und überzeugenden Narrativen — also sinnstiftenden Erzählungen —, die unangenehme Wahrheiten und potenzielle Gefahren nicht aussparen, aber zugleich eine Perspektive aufzeigen, um die verfügbaren Fakten einzuordnen.

Wer breite Zielgruppen erreichen will, muss Narrative anbieten. Bei einer Untersuchung des *Reputation Institute* zu den Prioritäten von Kommunikationsverantwortlichen bei der Verbesserung der Firmenreputation landete bereits 2016 „ein Märkte und Anspruchsgruppen überspannendes Narrativ vom Unternehmen vermitteln" auf der Spitzenposition.[14] Im Umgang mit solchen Narrativen — ihrer Entwicklung durch effektives Kommunikationsmanagement, aber auch ihrer kritischen Begleitung durch Qualitätsjournalismus, der nicht nur Meinungstrends dokumentiert, sondern klärende Diskussionen um Narrative führt und anführt — liegt der Ausweg aus einer von Vorurteilen und Vereinfachung verzerrten öffentlichen Debatte.

**Narrative Auswege aus medialen Echoräumen: —
Literarische Hausapotheke**

Klassiker

Roland Barthes (1915–1980)
„Die Mythen des Alltags"

Der Semiologe Barthes versteht unter gesellschaftlichen Mythen allgemein bekannte Erzählungen, die für den Menschen bewusste oder unbewusste Bedeutungen haben und kollektive Orientierung ermöglichen.

Johan Huizinga (1872–1945)
„Herbst des Mittelalters"

Der Historiker Huizinga erklärt Lebens- und Geistesformen des 14. und 15. Jahrhunderts – wie die Idealisierung des Ritterstandes und seiner Geisteshaltung – als bewusste Abkehr von einer Welt, in der Krieg, Krankheit und Tod alltäglich sind.

Walter Lippmann (1889–1974)
„Public Opinion"

In seiner Behandlung der Frage, wie Einzelmeinungen zu politischen Fragen mit Hilfe der Massenmedien aggregiert werden, entwickelt Lippmann eine Theorie der Stereotypen, die durch (grobe) Vereinfachungen erst Entscheidungen ermöglichen.

Fachliteratur

Robert Scoble & Shel Israel (2006)
„*Naked Conversations*"
Frühes Plädoyer für die Nutzung von Social-Media-Blogs durch Unternehmen, um Dialog auf Augenhöhe zu etablieren, wo bisher Monolog und Distanz zu den Zielgruppen dominierten.

Eli Pariser (2011)
„*The Filter Bubble*"
Umfassende Behandlung der Frage, wie die Personalisierung von Informationsangeboten sich auf die Meinungsbildung in wirtschaftlichen und politischen Themenfeldern auswirkt.

Bob Pearson (2016)
„*Storytizing*"
Strategien und Taktiken des Einsatzes von Storytelling, um anspruchsvolle Zielgruppen effektiv zu erreichen und Produkte im unübersichtlichen Umfeld der digitalen Märkte erfolgreich zu positionieren.

4 Wahrnehmung und Wirklichkeit – Gegen die Demagogie

Digitale Meinungsblasen, wahrheitsfreier Diskurs, mediale Echoräume — Journalisten, Wissenschaftler und sonstige Begleiter der öffentlichen Debatte zahlen in jüngerer Zeit mit großer Münze aus, um die zunehmend kritische Haltung vieler Menschen (und vor allem Wähler) gegenüber den etablierten politischen und wirtschaftlichen Eliten zu erklären.[15] Der Vorwurf lautet: Demagogen instrumentalisieren die Zukunftsängste der Menschen in einer zunehmend von Komplexität und raschem Wandel geprägten Welt, in dem sie die Realität einfach an ihre krude Weltsicht anpassen. Dabei spielen ihnen vor allem die neuen technischen Möglichkeiten — wie etwa digitale Bots — in die Hände, mit deren Hilfe Halbwahrheiten oder gleich komplette Lügen unter das ahnungslose Volk gebracht werden können. Unausgesprochen wird damit die These vertreten, dass es zuvor ein *faktisches Zeitalter* gegeben habe, in dem wohlinformierte Akteure in Medien, Politik und Wirtschaft im intellektuell redlichen Austausch miteinander und dem Bürger standen.

Perception beats reality

Tatsächlich gehört es zum Wesen des kommunikativen Austauschs, dass neben (vermeintlich) objektiven Realitätselementen wie Daten und Fakten auch subjektive Realitätsbezüge wie Wahrnehmungen und Gefühle transportiert werden. Die Welt hat eben eine sinnlich wahrnehmbare *und* eine geistige Dimension, wie uns Platon in seinem Höhlengleichnis[16] lehrt, und der Mensch zieht vor allem in Zeiten der Unsicherheit die vertrauten Schemen der Halbwahrheit an der Wand dem präzisen, aber grellen Bild der Wahrheit vor. *Perception beats reality* wissen die PR-Leute, und das ist weder zynisch noch diabolisch gemeint, sondern spiegelt auch die Kommunikationsbedürfnisse des Menschen vom Neandertaler bis zum *Homo Digitalis* wider.

Wer Menschen erreichen will, der muss Fakten liefern, gleichzeitig aber auch eine Geschichte erzählen können. So ist es folgerichtig, wenn Themenplanung in der Unternehmenskommunikation eine zunehmend wichtige Rolle spielt, wie man den TOPKOM-Befragungen von Claudia Mast (Universität Hohenheim) entnehmen kann. Bereits 2016 gaben 77,2 Prozent der befragten Top-500-Unternehmen an, „Themen aufzugreifen, die für Stakeholder spannend und unterhaltsam sind". Leider stand bei der Themenplanung das geäußerte Interesse der in Rede stehenden Stakeholder mit 12,6 Prozent nur an vierter Stelle.[17]

Die Gefahren der einseitigen Fokussierung auf empirische Fakten unter Vernachlässigung von orientierenden Narrativen nur für die Kommunikationspraxis zu konstatieren, springt aber zu kurz. Tatsächlich trifft dies auch auf den relevanten Wissenschaftsbetrieb zu. David Dozier, der in San Diego Public Relations lehrt und jahrzehntelange Praxis mit Dekaden der Lehre verbindet, brachte es im Rahmen einer internationalen Fachkonferenz zur PR-Forschung auf den Punkt: „Die PR-Professorenschaft beschäftigt sich zu sehr mit Forschung, die nicht über den Tellerrand hinausschaut, sondern immer detailliertere Fragen innerhalb des bestehenden Disziplinverständnisses beantwortet."[18] Dozier spricht in diesem Zusammenhang von „Normalwissenschaft"[19] und fordert den Mut, sich auf die Suche nach einem neuen, umfassenden Paradigma zu machen, das der PR — am Ende einer für die Disziplin umfassenden „wissenschaftlichen Revolution"[20] — eine glaubhafte Rolle im gesellschaftlichen Diskurs zuordnet.

Ein neues Narrativ auch für die PR

Mit anderen Worten: Die PR selbst braucht auch ein neues Narrativ und hier schließt sich der Kreis. Das *richtige* Wissen parat zu haben genügt nicht. Man muss es auch glaubhaft vermitteln und einordnen können. In Zeiten der gesellschaftlichen Anfälligkeit für Demagogie wächst damit gelungenem Kommunikationsmanagement auch eine gesellschaftliche Rolle zu, der wir fachlich (und normativ) gerecht werden müssen. Der junge Wissenschaftler Joachim Preusse hat hier in seinen „Bausteinen systemtheoretischer PR-Theorie" eine interessante Perspektive geschaffen. PR schaffe die „Gewährleistung organisatorischer Irritabilität und Responsivität".[21] Das trifft für Kommunikation in Wirtschaft und Politik gleichermaßen zu.

Wahrnehmung und Wirklichkeit – Gegen die Demagogie: Literarische Hausapotheke

Klassiker

Immanuel Kant (1724–1804)
„Kritik der reinen Vernunft"
Kant stellt mit dem Verweis auf das Zusammenwirken von menschlichen Sinnen, Verstand und Vernunft bei der Durchdringung der Welt die Vorstellung von einer voraussetzungslosen Weltsicht in Abrede.

Talcott Parsons (1902–1979)
„The System of Modern Societies"
Der Soziologe Parsons definiert die Fähigkeiten zur Anpassung *(Adaptation)* und Einbindung *(Integration)* auch abweichender Interessen als Voraussetzungen langfristiger Existenz sozialer Systeme.

Paul Watzlawick (1921–2007)
„Wie wirklich ist die Wirklichkeit?"
Behandelt werden die Subjektivität vermeintlich objektiver Wirklichkeit und die Bedingungen ihrer Herstellung durch Kommunikation. Dabei kombiniert Watzlawick Erkenntnisse der Kommunikationsforschung mit Erfahrungen aus der Psychotherapie.

Fachliteratur

Luciano Floridi (2015)
„Die 4. Revolution"
Eine umfassende Behandlung der Frage, wie die digitale Revolution den Menschen und die Gesellschaft verändert, und zugleich der erste Schritt zu einer *Informationsphilosophie*, die Sinnsuche im Digitalen betreibt.

Joachim Klewes, Dirk Popp, Manuela Rost-Hein (2017)
„Out-thinking Organizational Communications"
Ein Sammelband mit vielfältigen Beiträgen zu den Chancen und Herausfoderungen der digitalen Transformation für die PR, der Wege aufzeigt, wie man die Potenziale der neuen Technologien nutzen kann, um kommunikative Ziele zu erreichen.

Joachim Preusse (2016)
„Bausteine systemtheoretischer PR-Theorie"
Auf der Grundlage eines systemtheoretischen Organisationsverständnisses werden Managementbeiträge der PR benannt und ein potenzieller Beitrag der PR zur Realisierung gesellschaftlicher Rationalitätspotenziale diskutiert.

5 Von der Problemlösung zum Dilemma-Management

Freiheit und Gerechtigkeit, Profitabilität und Nachhaltigkeit, Mensch und Maschine — die wirtschaftlichen und gesellschaftlichen Transformationsprozesse unserer Zeit sind geprägt von fundamentalen Gegensätzen, die nicht völlig aufgelöst werden können. Damit ist auch eine Veränderung unseres Verständnisses von Management als Gestaltungsaufgabe verbunden: War die Managementschule des 20. Jahrhunderts noch geprägt vom Glauben an systematische Problemlösungen unter Einsatz aller erforderlichen Ressourcen, so erweist sich im 21. Jahrhundert die *Kärrnerarbeit* des Dilemma-Managements als Standardmethode — auch in der Kommunikation. Jim Carroll, ein Urgestein der britischen Kommunikationsszene, bringt es treffend auf den Punkt: „Nicht auf alle Fragen gibt es richtige oder falsche Antworten. Dilemmata können nicht aufgelöst werden — sie können nur behandelt und behutsam kalibriert werden."[22]

Wenn es im öffentlichen Diskurs nicht (nur) um richtig oder falsch gehen kann und damit meist auch der Schlagabtausch mit Fakten und Argumenten alleine nicht zu einem wertstiftenden Ergebnis führt, gewinnen Fragen der Haltung und Erscheinung von Kommunikation an Bedeutung. Dabei kann eine gelungene *Verpackung* nie über Defizite im Gedankengang hinwegtäuschen. Für Rednerauftritte wurde hier lange fälschlicherweise auf eine Studie des US-Psychologen Albert Mehrabian aus den 60er-Jahren hingewiesen, der zufolge nur sieben Prozent der Wirkung einer Rede auf dem Inhalt basiert, während Tonfall 38 Prozent und Körperhaltung 55 Prozent ausmachten.[23] 2006 hat das Institut Allensbach das Thema neu behandelt und herausgefunden, dass der Redeinhalt immer der entscheidende Faktor ist.[24]

Wider die Zurschaustellung kommunikativer Kompetenz

Um Dilemma-Konstellationen kommunikativ bewältigen zu können, ist eine Trias von Erfolgsfaktoren zu beachten, die man unter dem Begriff *Kommunikationsästhetik* zusammenfassen könnte: *Balance, Symmetrie* und *Eleganz.* Dabei geht es nicht um verschönernde *Ornamentik*, blendende *Fassadengestaltung* oder die — aktuell im allgemeinen Hype um die Newsroom-Optik gelegentlich erkennbare — *Zurschaustellung von kommunikativer Kompetenz im Raum.*

Wilhelm Röpke (1899 — 1966), einer der geistigen Väter der Sozialen Marktwirtschaft, trat für einen ökonomischen Humanismus ein, der die individuellen Interessen der Marktteilnehmer mit den sozialen Interessen der Gesellschaft in harmonische Balance zu bringen versucht.[25] Dieser Balancegedanke kann auch kommunikative Strategiebildung leiten, wenn es um die Positionierung etwa eines Unternehmens im Umfeld gesellschaftlicher Debatten geht. Vereinfacht ausgedrückt: Im Zeitalter des Dilemma-Managements muss man auch fundamentale Kritik aushalten können und ihre Wirkung in die eigene Planung miteinbeziehen.

Wenn die Konstellationen unübersichtlich werden und die Lage zugleich kontinuierlich in Bewegung ist, wird *Komplexitätsreduktion* zu einer wesentlichen Aufgabe des Kommunikationsmanagements. Dabei spielt Symmetrie als Orientierungsmaßstab gleich in mehrfacher Hinsicht eine wichtige Rolle: als Denkmuster und als Handlungsorientierung. Ein klarer Gedanke in unübersichtlicher Lage sieht auch auf Papier, in einer E-Mail oder auf PowerPoint-Folie klar aus und schneidet Dilemmakonstellationen (gleichsam mit einem *Goldenen Schnitt* der Kommunikation) symmetrisch in kommunikative Handlungsalternativen mit allen Vor- und Nachteilen

– anstatt eindeutige Lösungsoptionen vorzugaukeln, wo es keine gibt. Zugleich agiert kluge Kommunikation immer im symmetrischen Verhältnis zur geltenden Lage: Alarmismus, emotionaler Überschwang, Zweckoptimismus oder Bunkermentalität sind ihr fremd.

Eleganz in der Kommunikation

Was den Aspekt der Eleganz angeht, so hat der französische Lyriker und Philosoph Paul Valery (1871–1945) die richtigen Worte gefunden: *„Elegantia* – Das bedeutet Freiheit und Ökonomie ins Sichtbare übertragen"[26]. Worum es hier für Kommunikatoren geht, ist die Schlankheit des Gedankengangs, die Treffsicherheit der Aussage, ohne zu viele Worte zu machen. Dabei ist die Kunst, sich nicht nur mit dem zu Wort zu melden, was Hans Castorp in Thomas Manns *Zauberberg* „tadellose Hergebrachtheiten" [27] nennt.

Zugegeben: Mit ästhetischer Kommunikation den Anforderungen von Dilemmata gerecht zu werden, ist anstrengend – und manchmal auch schmerzhaft. Aber die Alternative wäre fatal. Die Kommunikationswissenschaftlerin Liane Rothenberger hat darauf hingewiesen, dass auch „Terroristen Kommunikationsexperten" sind. Ihre Antwort auf Dilemmata lautet „Gewalt".[28]

III. Erfolgsfaktoren –
Wie gelingt PR in der digitalen Postmoderne?

1 Future-proofing PR – Der umgekehrte Turing-Test

Big Data, Internet der Dinge, Industrie 4.0 – diese Schlagworte stehen für einen tiefgreifenden Wandel wirtschaftlicher Wertschöpfungsprozesse, dessen umwälzende Kraft lange unterschätzt wurde. Heute ahnen wir, dass sich durch die Digitalisierung nicht nur Medien und Wirtschaft verändern. Es erweist sich zunehmend, dass das Denken des Computer-Pioniers Alan Turing (1912 – 1945) unser Weltbild ähnlich weitreichend verändert wie vor ihm die Erkenntnisse und Entdeckungen von Nikolaus Kopernikus (1473 – 1543), Charles Darwin (1809 – 1882) und Sigmund Freud (1856 – 1939).

Gordon Crovitz, ehemaliger Herausgeber des *Wall Street Journals* und kenntnisreicher Beobachter der digitalen Zeitenwende, sieht hier einen systematischen Zusammenhang: „Wir überschätzen immer die kurzfristigen Auswirkungen einer neuen Technologie auf das Verhalten von Konsumenten – und unterschätzen dann ihre langfristigen Folgen." Er spricht vom „First Law of Technology" und nennt das Smartphone als Beispiel.[1]

Die 4. Revolution

Es ist also nur folgerichtig, wenn zwischenzeitlich eine veritable Revolution konstatiert wird, die weit über die Entstehung neuer Produkte und Dienstleistungen hinausgeht. Der in Oxford lehrende italienische Philosoph Luciano Floridi betitelte sein Buch zu den gesellschaftlichen Folgen der Digitalisierung dann auch „Die 4. Revolution".[2] Für diejenigen, die es gern plakativer haben, hat der US-amerikanische Fotograf Eric Pickersgill den dramatischen Wandel mit seinen Mitteln anschaulich gemacht. In seiner Fotoserie „Removed" zeigt er Alltagsszenen, aus denen Smartphones und Tablets herausretuschiert wurden. Die beeindruckenden Bilder lassen den Betrachter mit dem Eindruck zurück, dass im Alltag des Menschen zukünftig nur eine Rolle spielen wird, was auch digital und vernetzt zugänglich, darstellbar und zu beeinflussen ist.[3]

Der britische Internet-Futurist Ben Hammersley, der seine Thesen unter anderem im Technik-Magazin *WIRED* veröffentlicht und die Europäische Kommission in Fragen der medialen Transformation beraten hat, nennt diese Überprüfung der Zukunftstauglichkeit von Technologien und Geschäftsmodellen „Future-Proofing".[4] Seine Annahme lautet: Alles, was auf einem prozessbeschreibenden Flow-Chart dargestellt werden kann, wird zukünftig von Maschinen erledigt. Als Beispiele nennt er wesentliche Elemente juristischer und sogar medizinischer Beratung.

Flow-Chart-Logik in der PR?

Die Frage liegt auf der Hand, was dies für das Kommunikationsmanagement bedeutet. Stehen wir am Beginn eines Maschinenzeitalters der PR? Es steht außer Frage, dass neue Optionen wie zum Beispiel die elektronischen Medien und eben auch das Internet die Gestaltungsmöglichkeiten (wie die Herausforderungen) der Kommunikationsarbeit erweitert haben. Zugleich helfen neue Verfahren der Auswertung und Verknüpfung von Daten bei der Herstellung detaillierter und zeitnaher Lagebilder. Sicher werden sich in den genannten Bereichen auch neue datenbasierte, echtzeitorientierte Instrumente etablieren, die Effizienz und Effektivität des Kommunikationsmanagements steigern. In einer zunehmend komplexen Medienwelt wird so die Beurteilung der aktuellen Situation erleichtert. Meteorologen sprechen hier von *Nowcasting*.

Was aber das Wesen der Unternehmenskommunikation als Disziplin angeht, so ist sie prinzipiell zukunftssicher, weil sie sich der Flow-Chart-Logik von „ja-nein" bzw. „richtig-falsch" entzieht und damit zutiefst „analog" ist. Und auch die Projektion zukünftiger Entwicklungen auf der Grundlage vorhandener Daten zur aktuellen Situation — im Sinne von *Forecasting* — wird der menschlichen Interpretation und Einschätzung bedürfen. Carl Benedikt Frey und Michael Osborne haben in einer bekannten Studie zur Zukunft der Beschäftigung („Wie anfällig sind Berufe für die Computerisierung?") betont, dass vor allem solche Aufgaben, die „soziale Intelligenz, Empathie, Überzeugungskraft und Verhandlungsgeschick" erfordern, weitgehend immun gegen die Konkurrenz der Maschine sind.[5] Für die PR-Profession stellt sich damit aber zugleich auch weiterhin die Aufgabe, diese menschlichen Faktoren konsequent in den Mittelpunkt ihrer Arbeit zu stellen.

Der bereits erwähnte Alan Turing ist geistiger Vater des sogenannten Turing-Tests, der ermitteln soll, ob eine Maschine für einen Probanden im kommunikativen Austausch menschlich erscheint. In digitalen Zeiten müssen wir uns daran gewöhnen, dass zunehmend die Menschen aufgefordert sind, im Austausch mit einer Maschine den umgekehrten Turing-Test zu bestehen. Dem sogenannten Completely Automated Public Turing test to tell Computers and Humans Apart (CAPTCHA) verdanken Internetnutzer wenig vergnügliche Augenblicke mit verschwommenen Buchstaben, verwirrend angeordneten Verkehrszeichen und schlecht lesbaren Rechenaufgaben auf Grundschulniveau. Wer besteht, erhält die Bestätigung für das, was er zuvor per Click nur behaupten konnte: „Ich bin kein Roboter!" — und zwar von einer Maschine.

Auch die Kommunikatoren selbst müssen den Turing-Test bestehen, wenn sie nicht als Algorithmus enden oder von Künstlicher Intelligenz abgelöst werden wollen.

Future-proofing PR – Der umgekehrte Turing-Test:
Literarische Hausapotheke

Klassiker

Walter Benjamin (1892–1940)
„Das Kunstwerk im Zeitalter seiner technischen Reproduzierbarkeit"
Im Mittelpunkt steht der im Zeitalter der technischen Reproduzierbarkeit von Kunstwerken entstehende Verlust der *Aura* menschlicher Schöpfung, die nur im direkten Zusammenspiel von Mensch und Werk zu Tage treten kann.

Philipp K. Dick (1928–1982)
„Do Androids Dream of Electric Sheep?"
Der Autor entwirft ein dystopisches Zukunftsszenario, in dem androide Maschinen Gefühle entwickeln und Rechte einfordern. Die Polizei setzt standardisierte Empathie-Tests ein, um sie zu entdecken und *auszuschalten*.

Alan Turing (1912–1954)
„Computing Machinery and Intelligence"
Der geistige Vater des Computers schlägt die Überprüfung der kommunikativen Fähigkeiten einer Maschine im Austausch mit einem Menschen vor, um das Vorhandensein maschineller Intelligenz zu überprüfen.

Fachliteratur

Daniel Goleman (1996)
„Emotional Intelligence"

Der Autor zeigt die Potenziale empathischer Interaktion zwischen Menschen für das Wohlbefinden des Einzelnen und für gelungene Gemeinschaft, während er die Risiken emotionaler Unbildung herausstellt.

Ray Kurzweil (2005)
„The Singularity is Near"

Noch im 21. Jahrhundert wird – so die Prognose von Kurzweil – der singuläre Punkt erreicht sein, an dem maschinelle Intelligenz den menschlichen Intellekt übersteigt mit umwälzenden Folgen für die menschliche Existenz in all ihren Facetten.

Richard Susskind & Daniel Susskind (2015)
„The Future of Professions"

Die Autoren zeigen systematisch auf, welche menschlichen Fähigkeiten auch im anbrechenden Zeitalter der intelligenten Maschinen überlegen bleiben und welche Auswirkungen das auf die Professionen der Zukunft haben wird.

2 Führung in der Kommunikation – Vom Chef zum Kümmerer

Der sich vollziehende Umbruch im Kommunikationsmanagement wird in der Regel mit den Folgen der Digitalisierung begründet. Tatsächlich liegt eine der wesentlichen Ursachen für Veränderungen in Arbeitsweisen und Selbstverständnis von Kommunikatoren auch in einem erkennbaren Wertewandel; nicht nur bei den Adressaten von Unternehmenskommunikation, sondern insbesondere bei den Kommunikatoren selbst. Auf die *Generation X* der zwischen den frühen 60er-Jahren und den späten 70er-Jahren des 20. Jahrhunderts Geborenen, die heute noch das Rückgrat der Unternehmenskommunikation bilden, folgt Schritt für Schritt die *Generation Y*.

Das Lebensgefühl der unter dem Eindruck des Kalten Krieges sozialisierten Generation X oszillierte zwischen Zukunftsangst und Leistungsorientierung. Die Generation Y hingegen profitiert von der Dualität aus Globalisierung und digitaler Revolution: Ihr Leben ist geprägt vom technologischen Fortschritt und einer Vielfalt von Handlungsoptionen in Konsum und Lebensgestaltung, die natürlich auch Unübersichtlichkeit mit sich bringt.

Corporate Communications im Generationswechsel

Wie sich dieser Unterschied auf die Arbeitswelt auswirkt und welche Erwartungen die junge Generation an das Berufsleben hat, wird zwischenzeitlich auch jenseits der (zu) einfachen Formel *Generation X = Karriereorientierung, Generation Y = Sinnsuche* intensiv diskutiert. Tatsächlich sind die Erwartungen an einen guten Arbeitsplatz in vielen Punkten identisch – mit einer wesentlichen Abweichung. Wie das Meinungsforschungsinstitut Dimap in einer repräsentativen Befragung zur Arbeitszufriedenheit der Deutschen ermittelt hat, will der typische Vertreter der Generation Y vor allem eine Aufgabe, bei der man eigene Ideen verwirklichen kann. Die Generation X hingegen legt mehr Wert auf das Ansehen und die äußere Wahrnehmung der eigenen Rolle.[6]

Eine interessante Tiefenbohrung in die spezifischen Berufserwartungen der Generation Y im Kommunikationsmanagement hat die Kommunikationswissenschaftlerin Ulrike Röttger von der Universität Münster vorgenommen, die mehr als 200 ihrer Studierenden in der entsprechenden Alterskohorte befragt hat. Auch hier zeigen sich Unterschiede, die nicht groß, aber fein sind: Die bevorzugte Disziplin des Kommunikationsnachwuchses zu Beginn des 21. Jahrhunderts ist nicht – wie es klassisch der Fall war – Media Relations und auch nicht – wie es vielleicht angesichts der Mediengewohnheiten der Generation Y zu erwarten wäre – die Onlinekommunikation, sondern die nach innen gerichtete Mitarbeiterkommunikation. Und bei der Erwartung an das zukünftige Team steht dessen Akzeptanz im Unternehmen an oberster Stelle, nicht Budgets oder Personalstärke.[7]

Neue Generation von Kommunikatoren

Im Ergebnis entsteht das Weichbild einer neuen Generation von Kommunikatoren, die das PR-Geschäft weniger *tayloristisch*-systematisch als eher *agil*-projektorientiert betreiben wird – moderne Arbeitsmethoden wie *Design Thinking* und *Scrum* inklusive. Natürlich soll das auch Effizienzpotenziale heben helfen, ist aber eben zugleich Ausdruck des spezifischen (Arbeits-)Lebensgefühls der Generation Y.

Die zwischen 1980 und 1995 Geborenen fordern exakt die Flexibilität und Gestaltungsfreiheit für sich selbst ein, die Corporate Communications als Funktion lernen muss, um in einem zunehmend volatilen Umfeld handlungsfähig zu bleiben. Zugleich entsteht damit aber auch eine neue Unübersichtlichkeit: Projekte kann man auf mehrere Schultern verteilen — Verantwortung für ihre Steuerung und Ergebnisse nur bedingt. Der sprichwörtliche Chefkümmerer stirbt nicht aus, aber die Betonung des Begriffs verlagert sich von *Chef* auf *Kümmerer*.

Führung in der Kommunikation – Vom Chef zum Kümmerer: Literarische Hausapotheke

Klassiker

Douglas Coupland (1961)
„Generation X"
Das Buch fängt das Lebensgefühl der auf die Babyboomer folgenden Generation ein und wirkt zugleich stilbildend für viele nachfolgende Beschreibungen von Alterskohorten und den sie prägenden Einstellungen, Lebensweise und Erfahrungen.

Karl-Heinz Hillmann (1938–2007)
„Wertwandel"
Hillmann beschreibt Voraussetzungen, Verlauf und Gestaltungsmöglichkeiten des Wandels gesellschaftlicher Wertvorstellungen und warnt vor den Gefahren unkontrollierter Anpassungen an technologische Innovationen.

Karl Otto Hondrich (1937–2007)
„Der Neue Mensch"
Der Autor beschreibt die Dimensionen menschlicher Existenz an der Schwelle zum heranbrechenden Zeitalter des Individualismus unter der Annahme, dass auch in Zunkunft das Leben des Menschen gesellschaftlicher Prägung unterliegt.

Fachliteratur

Jim Collins (2001)
„From Good to Great"
Collins benennt auf der Grundlage einer Vielzahl von Fallstudien die Erfolgsfaktoren herausragender Unternehmen. Dabei wird der Führungsqualität – auf einer Skala von 1–5 bewertet – eine wesentliche Rolle zugesprochen.

David Dotlich, Peter Cairo, Stephen Rhinesmith (2009)
„Leading in Times of Crisis"
Die Autoren beschreiben die Fähigkeit zur ganzheitlichen Führung mit *Kopf, Herz und Bauch* als Voraussetzung zur Bewältigung von neuer Komplexität und Unsicherheit im 21. Jahrhundert.

Andreas Reckwitz (2018)
„Die Gesellschaft der Singularitäten"
Im Mittelpunkt des gesamten Buchs steht die Idee einer *Explosion des Besonderen* in allen gesellschaftlichen Bereichen, wobei dem Arbeitsleben ein eigenes Kapitel gewidmet ist, das die Vielfalt neuer Organisations- und Rollenverständnisse aufzeigt.

3 CEO-Kommunikation – Mittlere Flughöhe

Geschichte wird von führenden Persönlichkeiten geprägt, Unternehmensgeschichte auch. Insofern kommt dem Unternehmenslenker nicht nur bei der objektiven Gestaltung der betriebswirtschaftlichen Geschicke, sondern auch in der subjektiven Wahrnehmung des Unternehmens eine wesentliche Rolle zu. Obgleich diese Erkenntnis nicht neu ist, so hat sich in den vergangenen Jahren innerhalb der Unternehmenskommunikation eine neue Teildisziplin entwickelt, die ganz besondere Aufmerksamkeit genießt: CEO-Kommunikation.

Publikationen beschäftigen sich mit Kommunikationsstrategien speziell für CEOs, den Fettnäpfchen, die CEOs umgehen sollten, oder den kommunikativen Leuchttürmen unter den CEOs, von denen es zu lernen gelte.[8] Zugleich erscheinen regelmäßig nicht mehr nur Rankings der Reputationswerte von Unternehmen, sondern speziell auch ihrer Topmanager. Die These lautet: Der CEO ist die Marke, in der sich die Unternehmensreputation verdichtet und die als Anknüpfungspunkt für die strategische Ausrichtung der Kommunikationsarbeit dienen muss. So weit, so gut – kein erfahrener Praktiker wird dies grundsätzlich in Frage stellen.

Berichterstattungsmenge und -qualität im Blick

Genauer zu betrachten ist allerdings, welche Zielsetzung CEO-Kommunikation im Interesse des Unternehmens, aber auch der betroffenen Person selbst verfolgen sollte. Wer hier nur in den Kategorien *schneller, höher, weiter* denkt, wird der Komplexität der Aufgabe nicht gerecht. Tatsächlich gehen mit erhöhter medialer Präsenz und verstärkter Profilierung auch Risiken einher, die es abzuwägen gilt. Wenn man bei einschlägigen Rankings der Medienpräsenz von Vorstandsvorsitzenden die ausgewiesenen Anteile negativer Berichterstattung gegen die positiven aufrechnet, ergibt sich ein ganz anderes Bild als bei der Betrachtung der Menge veröffentlichter Artikel allein. Viele der vorderen Plätze eines an der Qualität der Berichterstattung ausgerichteten Rankings nehmen CEOs ein, die es im rein quantitativen Ranking allenfalls ins Mittelfeld schaffen. Und von den Spitzenreitern in Sachen Berichterstattungsmenge finden sich nur sehr wenige ganz vorne, wenn es um die positive Tonalität der medialen Begleitung geht. Beispielhaft kann hier das in 2015 im Fachmagazin Pressesprecher veröffentlichte „CEO-Medienpräsenz-Ranking" angeführt werden.[9]

Mediale Präsenz nicht die einzige Währung der CEO-Kommunikation

Welche Schlüsse kann man daraus ziehen? Gelungene CEO-Kommunikation findet nicht im permanenten Steigflug statt, und wer die maximale Flughöhe sucht, definiert schon in guten medialen Zeiten die Fallhöhe, aus der er stürzen kann, wenn am Horizont dunkle Wolken erscheinen. Natürlich kann und sollte sich niemand der Notwendigkeit medialer Präsenz entziehen, wenn die Situation es erfordert. Im kommunikativen Alltag aber ist mittlere Flughöhe angeraten, die das Verschwinden vom medialen Radar ebenso meidet wie Überbelichtung.

Hierin besteht dann auch die eigentliche Aufgabe der CEO-Kommunikation: Das richtige Maß an Aktivitäten, die angemessenen Plattformen für Präsenz, die passende Taktung entlang des Corporate-Kalenders zu finden. Dabei — wie der Pilot auf Reiseflughöhe — immer die Instrumente im Blick, um auf Veränderungen reagieren zu können.

Wer all das nicht überzeugend findet und die Wirkung seiner CEO-Kommunikation für den Flug zu den Sternen rüsten will, dem sei eine Studie von Joseph T. Albert und Hung-Chia Hsu (University of Wisconsin) ans Herz gelegt. Eines ihrer Ergebnisse lautet: „Anleger trauen neu berufenen CEOs, die gut aussehen, höhere Wertsteigerungen zu als weniger gut aussehenden."[10] Was die Gestaltungsmöglichkeiten auf der Grundlage dieser Analyse angeht, so werden aber auch Anhänger des Konzepts der CEO-Kommunikation zugestehen, dass hier das Aufgabengebiet der Public Relations (hoffentlich) endet.

CEO-Kommunikation – mittlere Flughöhe: Literarische Hausapotheke

Klassiker

Niccolo Machiavelli (1469–1527)
„Der Fürst"

Machiavelli verfasste eine Bedienungsanleitung für skrupellosen Erwerb und Erhalt von Macht im Staatswesen der frühen Neuzeit, die als Mahnung gegen jede Form des moralfreien Egoismus auch an der Spitze von Unternehmen gelesen werden kann.

Platon (428/427–348/347 v. Chr.)
„Der Staat"

In Platons Abhandlung über den idealen Staat benennt Sokrates die Eigenschaften, die ein *Philosophenkönig* mitbringen muss, um gerecht zu regieren: Besonnenheit, Tapferkeit und Weisheit.

Wilhelm Röpke (1899–1966)
„Maß und Mitte"

Als einer der geistigen Väter des Sozialen Marktwirtschaft trat Röpke für einen ökonomischen Humanismus ein, der die individuellen Interessen der Marktteilnehmer mit den sozialen Interessen der Gesellschaft in eine harmonische Balance bringt.

Fachliteratur

Egbert Deekeling & Olaf Arndt (2006)
„CEO-Kommunikation"

Die erfahrenen Praktiker Deekeling und Arndt entwerfen Strategien und Taktiken der CEO-Kommunikation, wobei auch die Rolle des Kommunikationsverantwortlichen und seine Interaktion mit dem Top-Management beleuchtet wird.

Frank Keuper & Jörn Becker (2013)
„Leadership Reputation"

In diesem Sammelband zu Fragen des Aufbaus von Reputation werden Aspekte der öffentlichen Positionierung von Spitzenmanagern aus verschiedenen Perspektiven beleuchtet und dabei Chancen und Risiken benannt.

Frank Hiesserich & Ursula Weidenfeld (2015)
„Der CEO im Fokus"

Auf der Grundlage von zahlreichen Interviews mit Wirtschaftskapitänen und Journalisten benennen die Autoren Rahmenbedingungen und Erfolgsfaktoren gelungener CEO-Kommunikation.

4 Ohrenbetäubende Stille und beredtes Schweigen

Ludwig Wittgensteins „Tractatus logico-philosophicus" zu den Grenzen der sprachlichen Präzision bei der Beschreibung vermeintlich objektiver Tatsachen endet mit dem zwischenzeitlich sprichwörtlichen Schlusssatz: „Wovon man nicht sprechen kann, darüber muss man schweigen."[11] Der österreichische Philosoph hat damit vor bald 100 Jahren den sogenannten *linguistic turn* in der Philosophie ausgelöst, der vermeintlicher Exaktheit geschriebener und gesprochener Sprache mit Skepsis begegnet. Der Aufruf zur Stille — oder zumindest zum Innehalten — angesichts thematischer Komplexität erscheint für den Kommunikator im digitalen Zeitalter mit seinen zeitlich und räumlich unbegrenzten Austauschmöglichkeiten auf den ersten Blick geradezu absurd. Und es wundert daher auch nicht, wenn es bei der Behandlung wirkmächtiger Kommunikationsstrategien und effektiver PR-Instrumente eigentlich immer um das pro-aktive Senden geht und nur selten um das aktive Zuhören — oder gar um die bewusste Stille bzw. um gezieltes Schweigen.

Vom Monolog zum Dialog

Damit steht die gängige Praxis der Kommunikationsabteilungen und -agenturen eigentlich in deutlichem Widerspruch zu den Anforderungen der wirtschaftlichen Postmoderne. Wo *Legalität* — rechtlich korrekt — von *Legitimität* — sozial akzeptiert — als zentraler Beurteilungsmaßstab für wirtschaftliche (und politische) Handlungen abgelöst wird und an die Stelle von passiven Ziel- aktive Anspruchsgruppen treten, wird Empathie zum zentralen Erfolgsfaktor, wie David Goleman und Jeremy Rifkin überzeugend dargestellt haben.[12] Tatsächlich fühlen sich viele Kommunikatoren aber im Ruhezustand eher unwohl, prägen daher oft „Laut-Sprecher" unsere Disziplin mehr als „Fern-Seher".[13] Das ist umso erstaunlicher, als die Schwerpunktverlagerung vom Monolog zum Dialog, von der Beschallung zu Augenblicken der Stille und damit insgesamt vom Senden zum Empfangen zugleich eine Rückbesinnung auf die Ursprünge des Marktgeschehens darstellt. Das Cluetrain-Manifesto für das digitale Zeitalter verwies 1999 schon mit seinem Titel „Markets are Conversations" auf den kommunikativen Nahkampf, der seit jeher wirtschaftlichen Austausch prägt und nur durch die Produktions- und Kommunikationsbedingungen des industriellen Zeitalters vorübergehend überlagert wurde.[14]

Wer aber Dialog anstrebt, der muss zuhören können und wer zuhören will, muss auch Stille ertragen. Eigentlich sind die Voraussetzungen dafür gut, denn das Innenohr ist das einzige Organ, das seine endgültige Größe erreicht hat, bevor wir geboren werden. Und dennoch bedeutet Stille für viele PR-Manager *weiße Folter*. Am angeblich stillsten Ort der Welt in den Orfield Laboratories in Minnesota (-9 Dezibel im Vergleich zu 30 Dezibel in einem durchschnittlichen Schlafzimmer) hält es ein Mensch maximal 45 Minuten aus. In vielen Kommunikationsabteilungen scheint der Geduldsfaden deutlich kürzer. Dabei ist Stille nicht nur Voraussetzung für gelungenen Dialog, sondern auch ein mächtiges Kommunikationsinstrument, mit dem man gerade in lauten — weil digitalen — Zeiten Kontrapunkte setzen kann. Redensarten und Sprachfiguren wie die „Ruhe vor dem Sturm", die „ohrenbetäubende Stille" und das „beredte Schweigen" künden davon.

Worte sind auch Taten

Zuhören und kommunikative Zurückhaltung erfordern allerdings *Selbst-Bewusstsein*, Offenheit für die Position des anderen und Geduld. Zudem muss die Befähigung zum kommunikativen Empfang auch organisatorisch verankert werden. Der australische PR-Wissenschaftler und ehemalige CEO eines Medien-Evaluationsunternehmens, Jim Mcnamara, spricht von den „Architectures of Listening", die jedes Unternehmen benötigt und meint damit nicht nur technologische, sondern auch menschliche und institutionelle Kompetenzen.[15] Anders gesagt: Natürlich helfen neue Möglichkeiten des Monitorings und der Evaluation, aber hier werden oft nur die Effekte medialer Echos und interessengeleiteter Kampagnen ermittelt. Wichtiger zum Aufspüren zukünftiger Trends ist hingegen oftmals das genaue Zuhören im Dialog.

Geradezu existenziell bedeutsam wird das Innehalten und Zuhören in Erfolgsphasen, wenn maximale Fallhöhe erreicht ist, wenn sich im einstimmigen Umfeld der Unterstützer ein gegenläufiger *advocatus diabolic* zeigt oder wenn sich die Tonlagen ändern — innen wie außen. Ludwig Wittgenstein wird die Aussage zugeschrieben „Worte sind auch Taten". Und daher sollte man sparsam mit ihnen umgehen — auch und gerade im Kommunikationsmanagement.

Ohrenbetäubende Stille und beredtes Schweigen: Literarische Hausapotheke

Klassiker

Jean Grenier (1898–1971)
„Die Inseln"
Grenier, der den jungen Albert Camus zum Schreiben inspiriert hat, entwirft eine Philosophie der Kontemplation und Zurückgezogenheit, die sich dem Sinn menschlicher Existenz in der Beobachtung von Alltagssituationen nähert.

Elisabeth Noelle-Neumann (1916–2010)
„Die Schweigespirale"
Bei der Behandlung kontroverser Themen unterdrücken Menschen, die für ihre Position keine öffentliche Unterstützung finden, ihre Meinung und überlassen so den lauten Minderheiten in einem sich selbst verstärkenden Prozess die Deutungshoheit.

Paul Virilio (1932–2018)
„Rasander Stillstand"
Virilio beschreibt die Veränderung menschlicher Wahrnehmung durch audiovisuelle Medien und Telekommunikation als einen Prozess zunehmender Beschleunigung, der den Menschen in einem Zustand ruheloser Geschichtslosigkeit zurücklässt.

Fachliteratur

Patricia Curtin & Kenn Gaither (2007)
„International Public Relations"
Die Verfasser berücksichtigen bei ihrer Darstellung wirksamer internationaler Kommunikationsstrategien spezifische kulturelle Gegebenheiten, die auch nonverbale Kommunikation und gezielte Augenblicke der Stille erforderlich machen können.

Alan Freitag & Ashli Quesinberry Stokes (2009)
„Global Public Relations"
Umfassende Darstellung kultureller Rahmenbedingung globaler Kommunikationsarbeit angereichert mit vielen konkreten Beispielen zu geeigneten Vorgehensweisen in unterschiedlichen Settings.

Mickey Connolly & Richard Rianoshek (2002)
„The Communication Catalyst"
Die Autoren beschreiben konkrete, erfahrungsbasierte Regeln für einen wertstiftenden Dialog zwischen Verantwortungsträgern in Unternehmen und ihren internen bzw. externen Anspruchsgruppen.

5 Jazz als Inspiration für agiles Kommunikationsmanagement

Das Leben ist keine Rechenaufgabe, für die es die eindeutige oder gar richtige Lösung gibt. Der Umstand, dass der Mensch sein Dasein im beständigen Austausch mit so schwer kalkulierbaren Umweltfaktoren wie seiner natürlichen Umgebung und seinen mit je eigenen Sehnsüchten und Leidenschaften versehenen Mitmenschen erlebt, führt zu beständigen Wechselwirkungen und Überraschungseffekten. Angeblich war es der französische Philosoph Jean-Paul Sartre, der dieses *Kontingenzproblem* des menschlichen Daseins — mit Bezug auf ein für die Philosophie eher ungewöhnliches Metier — in treffende Worte gefasst hat: „Beim Fußball verkompliziert sich alles durch die Anwesenheit der gegnerischen Mannschaft."[16]

Blickt man auf den Kanon moderner Managementmethoden seit dem Beginn der Industrialisierung, gewinnt man den Eindruck, dass die Eigendynamik des Menschen bisher vor allem als Herausforderung betrachtet wurde, die es zu kanalisieren und zu bändigen gilt, um angestrebte Ziele zu erreichen. *Taylorismus, Fordismus, Management by Objectives*: Immer ging es im Kern um Quantifizierung, Standardisierung und Kontrolle. Erst mit der Beschleunigung und Verkomplizierung des Wirtschaftsgeschehens, vor allem durch Globalisierung und Digitalisierung, wurden auch die Schwächen dieser Art des Managements deutlich erkennbar. Zwar erreicht man verlässlich Ziele, aber um den Preis nur langsamer Anpassung an Veränderungen und mangelnder Nutzung aller Ideen und kreativer Potenziale der Mitarbeiter.

Agilität braucht den ganzen Menschen

Es überrascht nicht, dass Ansätze eines neuen Managementstils aus einem Feld stammen, in dem die Geschwindigkeit des Wandels und die Anforderungen an Innovationsfähigkeit besonders hoch sind. Der Begriff *Agiles Management*, der so diverse Methoden wie *Design Thinking, Scrum* und *Kanban* umfasst, hat seinen Ursprung in der Software-Entwicklung. Das *Agile Manifesto* formuliert Leitprinzipien agilen Managements, die Menschen und ihre Interaktionen in den Vordergrund stellen, das Ergebnis der Arbeit höher bewerten als das Einhalten vorgeschriebener Prozesse, den Kunden in den Fokus rücken und Responsivität zum höchsten Gut machen.[17]

Da wir im Zeitalter des „metrischen Wir" leben, wie der Soziologe Steffen Mau sein Buch über die „Quantifizierung des Sozialen" betitelt, droht aber auch über dem neuen agilen Managementansatz das Damoklesschwert der einseitigen Betonung rationaler und kognitiver Kompetenzen des Menschen.[18] Tatsächlich braucht der Umgang mit den neuen Komplexitäten unternehmerischen Handelns aber den ganzen Menschen. Der amerikanische Management-Guru David Dottlich hat hierfür die Begriffstrias „Head, Heart and Guts" geprägt.[19] Nobelpreisträger David Kahneman hat mit ähnlicher Zielsetzung „langsames" − reflektiertes − von „schnellem" − intuitivem − Denken unterschieden.[20]

PR als Jazz-Session

Wenn man die Prinzipien des *Agile Manifesto* geradezu idealtypisch in der Anwendung erleben will, dann bietet Jazz − ganz ohne Messbarkeit und Fokus auf Wettbewerbsfähigkeit − dafür die perfekte Gelegenheit, wie Frank Barett, ein Jazzpianist, der in Monterey Management lehrt, es in „Yes to the Mess" beschreibt.[21] Wer sich für Jazz begeistern kann, dem sei empfohlen, es selbst auszuprobieren und sich von Jazzmusikern in die Geheimnisse ihres Miteinanders auf der Bühne einführen zu lassen. Es kann aber auch schon die Augen öffnen, wenn man liest, was die Jazz-Größen selbst zu ihrer Musik gesagt haben. Miles Davis, bewundert für seine Fähigkeit zur ständigen Erneuerung, glaubte an die Chance, die in Fehlern steckt: „Habe keine Angst vor Fehlern − es gibt keine."[22] Charlie „Bird" Parker hat den Zusammenhang zwischen Virtuosität und Spontanität in wenige Worte gepackt: „Übe, übe, übe und wenn Du dann auf die Bühne gehst, vergiss alles und spiel einfach hinreißend."[23] Peter Materna, international erfolgreicher Jazzmusiker aus Bonn, hat dem Verfasser im Rahmen eines Jazzworkshops für Kommunikatoren eine Bühnenweisheit anvertraut, die zeigt, wie sehr Agilität im Team jenseits des klassischen Managements liegt: „Manchmal muss man mit Innehalten anfangen."

Jazz als Inspiration für agiles Kommunikationsmanagement:
Literarisch-musikalische Hausapotheke

Klassiker

John Coltrane (1926–1967)
„Coltrane on Coltrane" (Interviewsammlung von Chris deVito)
Der große Jazz-Revolutionär Coltrane spricht über seine Inspirationsquellen, die Zusammenarbeit mit andern Musikern und darüber, welche künstlerischen Risiken er eingegangen ist, um seinen ganz eigenen Stil zu finden.

Miles Davis (1926–1991)
„Miles"
Autobiografie der Jazzlegende Miles Davis, der nicht nur mit seiner Musik – und der mehrfachen Transformation seines eigenen Stils –, sondern auch mit seinen Qualitäten (und Eigenarten) als Bandleader Musikgeschichte geschrieben hat.

Miles Davis Quintett (1955–1958)
„Round about Midnight"
Team-Exzellenz auf der Jazzbühne: Miles Davis, John Coltrane, Red Garland, Paul Chambers und Philly Joe Jones spielten dieses legendäre Album 1955 ein. Im gleichen Jahr nahm das Quintett noch vier (!) weitere erfolgreiche Alben auf.

Fachliteratur

Frank Barrett (2012)
„Yes to the Mess"
Der Autor nutzt Jazz – nicht nur als allegorische – Inspirationsquelle für einen Managementstil, der das eigenverantwortliche handelnde und kreativ interagierende Individuum in den Mittelpunkt stellt.

Max de Pree (2008)
„Leadership Jazz"
De Pree war einer der ersten Autoren, die das Geschehen beim Jazz mit klassischen Führungssituationen verglichen haben. Er gibt insbesondere für die Zusammenarbeit in kreativen Prozessen und in Phasen der Unsicherheit wichtige Hinweise.

Tara Swart, Kitty Chisholm, Paul Brown (2015)
„Neuroscience for Leadership"

Die Verfasser gewähren erhellende Einblicke in die neurobiologischen Grundlagen der Führung und erklären in verständlicher Sprache, warum gutes Management nicht zuletzt im Kopf gelingt oder scheitert.

IV. Quo vadis PR? –
Evolution versus Disruption

1 Unternehmenskommunikation für die Postmoderne

Industriegeschichte ist immer auch die Geschichte technologischer Innovationen, wie Nikolai Kondratjew in seiner Theorie zur zyklischen Wirtschaftsentwicklung bereits im frühen 20. Jahrhundert erkannt hat.[1] Die nach ihm benannten „langen Wellen der Konjunktur" werden bis heute zitiert, wenn es um Zustandsbeschreibungen und Prognosen volkswirtschaftlicher Entwicklungen im globalen Maßstab geht.[2] Industriegeschichte ist aber immer auch Mediengeschichte. Jede Phase der Industrialisierung wurde von einem Schlüsselmedium begleitet, das die für die jeweilige Wirtschaftsweise erforderliche Bereitstellung und Verbreitung von Informationen ermöglicht bzw. gefördert hat. Das galt für die auf Rotationspressen gedruckten Plakate und Zeitungen, die zu Leitmedien der von Dampfmaschine und Eisenbahn geprägten ersten industriellen Revolution wurden, ebenso wie für Radio und Fernsehen, die massenmediale Kommunikationskanäle für die insbesondere von Chemie, Elektrotechnik und Automobil getragene zweite industrielle Revolution schufen.[3]

Industrielle Revolutionen prägen kommunikative Paradigmen

Der vernetzte Computer wurde dann ab den 90er-Jahren des 20. Jahrhunderts zum Leitmedium einer dritten industriellen Revolution, die ihren Ausgangspunkt in den Veränderungen individueller und medialer Kommunikationswege hatte, in deren Mittelpunkt dann aber rasch die komplette Digitalisierung physischer Geschäftsmodelle und -prozesse vor allem im Dienstleistungssektor z. B. durch E-Commerce stand. Aktuell stehen wir – und der kurze Zeitabstand zeigt die wachsende Dynamik der Entwicklung – an der Schwelle zu einer vierten industriellen Revolution, die auf der Grundlage dramatisch verbesserter Fähigkeiten zur Speicherung, Übermittlung und Verarbeitung von Daten und angesichts zu erwartender technologischer Durchbrüche in Feldern wie Künstliche Intelligenz, Robotik und Maschine-zu-Maschine-Kommunikation völlig neue Wertschöpfungsmodelle und -ketten schaffen wird (siehe Abbildung 1, S. 66).

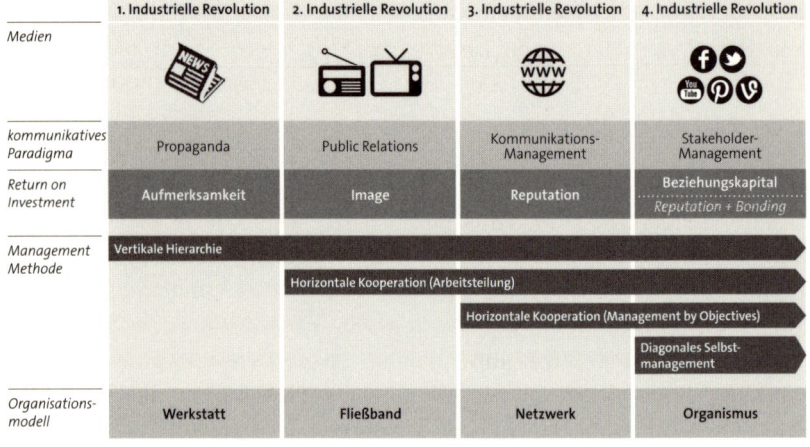

Abbildung 1: Paradigmen und Managementmethoden der Kommunikation

Die Begrenzungen, Potenziale und Wirkungen der jeweiligen Leitmedien in den ökonomischen Epochen wie auch die Besonderheiten der sich entfaltenden wirtschaftlichen und gesellschaftlichen Verhältnisse haben immer zugleich auch die Entwicklung der Unternehmenskommunikation beeinflusst. Jede industrielle Revolution hat ihr eigenes kommunikatives Paradigma zur Vermittlung zwischen Unternehmen und Gesellschaft hervorgebracht. Der Bogen reicht von *Propaganda* mit dem Ziel der Kontrolle bzw. Steuerung öffentlicher Meinung im Zeitalter knapper medialer Kommunikationskanäle über die gezielte Beeinflussung der Öffentlichkeit durch *Public Relations (Öffentlichkeitsarbeit)* im Zeitalter der elektronischen Massenmedien bis zum systematischen Vertrauens- bzw. Reputationsaufbau, wie er im Zeitalter der digitalen Medien bis heute den *State-of-the-Art* der Kommunikationsarbeit in den Unternehmen darstellt.

Hinsichtlich der Ressourcensteuerung und Führung folgte die Unternehmenskommunikation als unternehmerische Teilfunktion den jeweils vorherrschenden Methoden. Der in den Phasen von Propaganda und PR zunächst vorherrschende *Taylorismus* (Frederick Winslow Taylor, 1856 – 1915), für den die hierarchisch geprägte horizontale und vertikale Arbeitsteilung wesentlich ist und der im *Fordismus* (Henry Ford, 1863 – 1947) seinen Höhepunkt erlebte, wurde in der Phase der dritten industriellen Revolution endgültig von modernen Managementmethoden abgelöst, zu denen vor allem Peter Drucker (1909 – 2005) mit seinen Überlegungen zum *Management-by-Objectives* inspiriert hat.[4] In dieser Tradition steht auch das aktuell vorherrschende Paradigma der Unternehmenskommunikation, für das sich der Begriff *Kommunikationsmanagement* eingebürgert hat.

Obwohl sich die Unternehmenskommunikation in den rund hundert Jahren ihrer Existenz als Funktion und Aufgabe erheblich weiterentwickelt und professionalisiert hat, so ist sie dennoch bis heute an vielen Stellen solchen Arbeitsweisen verhaftet, die in der vor-digitalen Logik der medialen Kommunikation wurzeln. Die Hauptzielrichtung *von innen nach außen* war schon bei den wesentlichen Vertretern der PR-Gründerzeit, Edward Bernays und Arthur Page, angelegt, die „engineering of consent"[5] bzw. „building good will for the company"[6] als wesensbestimmend für Public Relations definierten. Die Aufgabe des Unternehmens als soziales System besteht in dieser Sichtweise also in der Beeinflussung − im Sinne von *Überredung* oder *Überzeugung* − seiner sozialen Umwelt.

Die ökonomische Postmoderne fordert Corporate Empathy

Dieses unilaterale Verständnis der Aufgabenstellung von Unternehmenskommunikation wird den aktuellen Anforderungen nicht mehr gerecht − und zwar unabhängig davon, wie professionell es praktisch umgesetzt wird. Wir erleben den Beginn einer von Globalisierung, vierter industrieller Revolution und Emanzipation der Stakeholder geprägten ökonomischen Postmoderne, die das gesellschaftliche Umfeld ökonomischer Wertschöpfung grundsätzlich transformiert und daher in letzter Konsequenz auch unser Verständnis von Kommunikationsmanagement verändern wird. Das Verhältnis zwischen Unternehmen und sozialem Umfeld kann nicht mehr von einseitiger Beeinflussung oder Überzeugung geprägt sein. Vielmehr müssen Unternehmen die Fähigkeit entwickeln, soziale Interessenlagen bei den eigenen Mitarbeitern wie bei externen Stakeholdern zu erkennen, zu verstehen und in ihre Positionen einzubinden: *Corporate Empathy* − die Fähigkeit, als Organisation die Interessen und Bedürfnisse relevanter Anspruchsgruppen nicht nur zu erkennen, sondern sie sinnvoll in die unternehmerische Entscheidungsfindung einzubringen − wird so zum wesentlichen Erfolgsfaktor.

Dem vorherrschenden Paradigma des Kommunikationsmanagements folgend wurden Kommunikationsabteilungen in den letzten 20 Jahren vor allem arbeitsteilig und entlang kommunikativer Angebote organisiert.

Der Schwerpunkt der Leistungserbringung lag auf der Ressourcensteuerung und der effektiven Kommunikation. Die Kommunikationsabteilung der Zukunft wird stärker auf themen- oder projektbezogene Gesamtverantwortungen setzen und sich dabei an der kommunikativen Nachfrage orientieren. Damit wird die Bandbreite der erforderlichen Fähigkeiten vor allem um spontane Kreativität und empathischen Dialog ergänzt.

Evolution der Unternehmenskommunikation

Der Übergang zu einem postmodernen Paradigma der Unternehmenskommunikation, das auch den Gegebenheiten der digitalen Medienwelt entspricht, wird aber nicht im luftleeren Raum stattfinden. Nicht alle menschlichen Kommunikations- und Informationsbedürfnisse ändern sich, klassische Medien werden nicht vollständig verdrängt, und wo Management mit dem Ziel der Wertschöpfung stattfindet, wird es immer auch Hierarchie und Arbeitsteilung im Sinne Taylors geben. Es geht daher nicht um die *Disruption* der Disziplin, sondern um ihre Evolution unter veränderten Rahmenbedingungen.

Es besteht kein Zweifel: Die Unternehmenskommunikation muss sich in ihrem Selbstverständnis, in ihrer strategischen Ausrichtung und in ihren Arbeitsweisen auf neue Bedingungen einstellen. Die vierte industrielle Revolution fordert die Weiterentwicklung unserer Disziplin. Die grundsätzlichen Prinzipien und Erfolgsfaktoren postmodernen Kommunikationsmanagements müssen aber im Einzelfall und nach genauer Bedarfsanalyse auf das einzelne Unternehmen übertragen werden. Die unkritische Übernahme von Zielstellungen wie einer *projektbasierten Organisation*, sogenannten Leuchtturm-Projekten wie dem zwischenzeitlich schon fast sprichwörtlichen digitalen Newsroom oder unternehmenskulturellen Gesten wie dem Verzicht auf förmliche Anrede bergen die Gefahr, die falschen Schwerpunkte zu setzen oder den Wandel nur an der Oberfläche zu vollziehen. Es geht eben nicht um *the next* big *thing*, sondern um *the next* right *thing*.

Vom Netzwerk zum Organismus

Der Paradigmenwechsel im Kommunikationsmanagement wird nicht disruptiv sein, sondern komplementär und evolutionär. Das gilt für die strategische Ausrichtung zwischen Aufmerksamkeit und Wesentlichkeit bzw. großen und kleinen Zahlen ebenso wie für die Managementmethoden.

Vertikale Hierarchie (wie in einer *Werkstatt*), horizontale Kooperation (wie am *Fließband*) und vertikale Selbstorganisation (wie im *Netzwerk*) werden gleichberechtigt nebeneinander stehen und so den zugleich bewusst steuernden und unbewusst gesteuerten *Organismus* zum wesentlichen Organisationsmodell für das Kommunikationsmanagement machen. Entscheidend wird dabei sein, dass Unternehmenskommunikation durch die Aktivierung aller kreativen und empathischen Potenziale der Mitarbeiter das bleibt, was sie immer war: ein Angebot von Menschen für Menschen.

Unternehmenskommunikation für die Postmoderne: Literarische Hausapotheke

Klassiker

Edward Bernays (1891–1995)
„Public Relations"
Bernays beschreibt die schrittweise Entstehung der Disziplin als Folge des Integrationsbedürfnisses moderner Gesellschaften und gibt Einblicke in die Praktiken der PR in den 50er-Jahren, die vor allem auf die Zustimmung von Zielgruppen abzielt.

Arthur Page (1883–1960)
„The Page Principles"
Die Prinzipien der Arthur Page Society – einer renommierten Standesorganisation der PR – gehen zurück auf das PR-Verständnis des langjährigen Kommunikationschefs von AT&T und Berater mehrerer US-Regierungen.[7]

Gernot Wersig (1942–2006)
„Organisations-Kommunikation"
Schon unter dem Eindruck der sich etablierenden modernen Techniken der Datenübermittlung und -speicherung beschreibt der Informationswissenschaftler Wersig den grundlegenden Kommunikationsbedarf einer Organisation.

Fachliteratur

Egbert Deekeling & Dirk Barghop (2017)
„Kommunikation in der digitalen Transformation"
Sammelband mit interessanten Einblicken in die Vorgehensweisen von PR-Praktikern

beim Umgang mit den Herausforderungen und Chancen digitaler Geschäftsmodelle und Kommunikationswege zugleich.

Rudolf Stöber (2013)
„Neue Medien. Geschichte"
Der Kommunikationswissenschaftler Stöber beschreibt die großen Linien der Mediengeschichte und bettet ihre Entwicklung und Wirkung in den jeweiligen gesellschaftlichen Zusammenhang ein.

Ralph Tench & Liz Yeomans (2017)
„Global Strategic Communication"
Umfassendes PR-Lehrbuch, das den aktuellen Stand der wissenschaftlichen Behandlung und die gängige Praxis des Kommunikationsmanagements im zweiten Jahrzehnt des 21. Jahrhunderts dokumentiert und mit Ausblicken ergänzt.

2 Big Data, Small Data – Was zählt in der Kommunikation?

Kein Zweifel: Unter den digitalen Schlagworten der letzten Jahre steht Big Data — die Erfassung, Verarbeitung und Analyse großer Datenmengen — ganz vorne. Doch Big Data ist viel mehr als ein Hype. In einigen Bereichen hat die intelligente Nutzung riesiger Datenmengen die Spielregeln komplett verändert, zum Beispiel in Werbung und Einzelhandel. Der Erfolg des Werbegeschäfts von Google etwa basiert auf der gezielten Auswertung großer Datenmengen mit Hilfe angewandter Mathematik. Einzelhändler wiederum können unser künftiges Einkaufsverhalten intelligent voraussagen, indem sie die riesigen Datenmengen in ihren Verkaufsdatenbanken analysieren. Dies sind nur zwei Beispiele für Einfluss und Potenzial von Big Data.

Viel ungenutztes Potenzial

Große Datenmengen können wichtige neue Erkenntnisse bergen. Daher ist anzunehmen, dass Big Data auch bedeutende Auswirkungen auf die Kommunikation haben kann. Aktuell ist in unserer Branche von einer solchen Transformation allerdings noch nicht viel zu sehen. Die Ergebnisse des European Communications Monitor (ECM) aus dem Jahre 2016 verdeutlichen einen interessanten Kontrast: Obwohl 72,3 Prozent der Kommunikationsprofis überzeugt waren, dass Big Data das PR-Geschäft verändern wird, konnten bislang nur 21,2 Prozent der Kommunikationsabteilungen oder -agenturen in diesem Bereich tätig werden.[8] Die Bedeutung von Big Data ist den meisten also durchaus bewusst. Doch wie der Mehrwert für PR und Unternehmenskommunikation aussehen könnte, ist bislang weniger klar. Unter den Kommunikatoren scheint sich Big Data also nur schrittweise durchzusetzen. Wie kommt das?

Große Zahlen anstelle großer Datenmengen

Für die meisten Kommunikationsabteilungen scheint Big Data weiterhin Neuland zu sein. Im Umgang mit *Big Numbers* — großen Zahlen im Sinne großer Umfragestichproben — hat unsere Branche traditionell aber durchaus Erfahrung. Die Meinungsumfragen, Markenbekanntheitsstudien und Mitarbeiterbefragungen, die wir durchführen, basieren auf großen Datensätzen. Sie geben Kommunikationsprofis nicht nur Einblicke in die Reputation oder das Markenimage ihres Unternehmens, sondern helfen auch bei der Priorisierung der Kommunikationsthemen. Die Zahlen helfen Kommunikationsmanagern zudem, im Unternehmen ihren Wertbeitrag deutlich zu machen. Im Rückblick haben diese Big Numbers eine wichtige Rolle in der Professionalisierung der Unternehmenskommunikation gespielt. Big Data ist da anders — und für unsere Profession noch immer ziemlich schwer zu instrumentalisieren.

Anders als Big Numbers lässt sich Big Data nicht auf die Größe reduzieren. Mit Big Data werden kontinuierliche Echtzeit-Datenströme bezeichnet, die riesig und komplex sind — und zudem häufig volatil, vielfältig und von Natur aus unstrukturiert. Allein durch seine Volumina, seine Vielfalt, Schnelligkeit und seinen Umfang eröffnet Big Data Kommunikatoren vielfältige neue Möglichkeiten. Durch die Nutzung von Big Data in Kommunikations- und Reputationsmanagement lassen sich digitale Meinungsführer identifizieren. Gleichzeitig können Kommunikationsprofis dadurch einen aktiven Austausch mit Online-Communities pflegen. Big Data bietet nützliche Einblicke in Märkte, Kunden und Medienstimmungen, Wettbewerber und viele andere wichtige Aspekte.

Small Data als Grundlage von Corporate Empathy

Ergänzt durch Big Numbers kann Big Data Kommunikationsprofis bei der Feinsteuerung ihrer PR-Strategien helfen. Die Kombination von großen Datenmengen und Umfragestichproben kann viel bewirken, aber genügt sie als Ausgangspunkt für die strategische Kommunikation? Um diese Frage zu beantworten, sollten wir uns auch auf das, was man als *Small Data* bezeichnen könnte, besinnen.[9]

Im Gegensatz zu Big Data zeichnet sich Small Data durch eher begrenzte Volumina, eine eher unregelmäßige Datenerfassung und kleinere Abgrenzungen aus. Small Data entsteht zum Beispiel im Ergebnis von Interviews und einem direkten Austausch mit Anspruchsgruppen und Fachexperten. Gewöhnlich dienen diese Daten dazu, konkrete Fragen zu beantworten und gezielte Einblicke zu geben — etwa im Rahmen eines systematischen Stakeholder-Dialogs. Dadurch kann Feedback eingeholt werden, das für Anspruchsgruppen und Unternehmen gleichermaßen relevant ist — zum Beispiel zu Fragen der Nachhaltigkeit.

Im Kern geht es in der postmodernen Unternehmenskommunikation um die Beziehungen zwischen Unternehmen und Gesellschaft. Unternehmen müssen die Fähigkeit entwickeln, gesellschaftliche Fragestellungen zu erkennen, zu verstehen und in ihrer Positionierung zu berücksichtigen. Möglich wird das erst dann, wenn die Kommunikatoren aufhören, nur zu reden, und beginnen, auch zuzuhören. Genau dann wird eine empathische Kommunikation möglich, die Stakeholder aktiv einbindet und Beziehungen zu ihnen aufbaut. Einblicke, die hierbei aus Small Data gewonnen werden, sind dabei genauso hilfreich wie Big Data — für eine effektive Kommunikationsstrategie braucht man perspektivisch beides.

Big Data, Small Data — Was zählt in der Kommunikation?:
Literarische Hausapotheke

Klassiker

Karl W. Deutsch (1912–1992)
„Politische Kybernetik"
Grundlegende Behandlung von Fragen der Steuerungsfähigkeit moderner Gesellschaft auf der Grundlage der Sammlung, Verarbeitung und Übermittlung von Daten, das Chancen und Herausforderungen selbststeuernder Systeme behandelt.

Paul Feyerabend (1924–1994)
„Wider den Methodenzwang"

Das Enfant terrible moderner sozialwissenschaftlicher Methodenlehre verdichtet seine Kritik an geschlossenen Theorie- und Methodenwelten in dem vom Komponisten Cole Porter entlehnten Slogan Anything goes.

Marie Jahoda et al. (1907–2001)
„Die Arbeitslosen von Marienthal"

Mit ihren Co-Autoren P. Lazarsfeld und H. Zeisel gelang der Autorin in den 30er-Jahren eine bahnbrechende Studie zu den Auswirkungen von Arbeitslosigkeit, die mit ihrer Kombination aus Einzelbeobachtungen und Datenauswertung bestach.

Fachliteratur

Martin Lindstrom (2016)
„Small Data"

Der Markenexperte Lindstrom sensibilisiert für die Potenziale, die im persönlichen Austausch mit Kunden, in der Simulation ihrer Nutzungserfahrung und dem eigenen Erlebnis ihres kulturellen Umfelds liegt.

Steffen Mau (2017)
„Das metrische Wir"

Der Verfasser beschreibt die Vorgehensweisen und Typen von Quantifizierungen, die durch die Digitalisierung möglich werden und analysiert die Folgen für Individuum und Gesellschaft.

Lothar Rolke & Jan Sass (2016)
„Kommunikationssteuerung"

Der Sammelband beleuchtet strategische und operative Fragen der Kommunikationssteuerung in einem digitalen gesellschaftlichen Umfeld aus theoretischer und praktischer Perspektive.

3 Öffentliche Meinung 2.0

Kommunikationsmanagement muss im Tagesgeschäft von Unternehmen und öffentlichen Einrichtungen konkrete Aufgaben erfüllen und erkennbare Leistungsbeiträge erbringen. Die Kommunikationswissenschaftler Øyvind Ihlen und Piet Verhoeven argumentieren, dass PR-Profis vor allem aufgrund dieser kurzfristigen Ergebnisorientierung ihren grundlegenden Einfluss auf die Gesellschaft nur unzureichend im Blick haben — im Guten wie im Schlechten. Ihr Ratschlag für die Disziplin wie für den Einzelnen lautet: regelmäßig einen Schritt zu Seite tun, um die Wirkung des eigenen Handelns mit Hilfe sozialwissenschaftlicher Konzepte und Modelle zu verstehen.[10] Selten war der Bedarf hierfür so groß wie in der aktuellen vierten industriellen Revolution, die unserer Disziplin mit der *Disintermediation* — also der Umgehung der klassischen Massenmedien durch Nutzung von Social Media —, dem Einsatz von Big Data und jetzt auch auf Algorithmen basiertem *Profiling* völlig neue Instrumente in die Hand geben kann.

Bisher lagen die Grundlagen des Kommunikationsmanagements vor allem in den Human- und Sozialwissenschaften, die sich von den Naturwissenschaften in erster Linie durch die mangelnde Vorhersagbarkeit zukünftiger Entwicklungen ihrer Untersuchungsgegenstände unterscheiden. PR und Marketing sind daher auch keine Sozialtechniken, mit deren Hilfe gesellschaftliche Realität *gemacht* werden kann. Friedrich August von Hayek hat das grundlegende Paradox, das hier aufscheint, auf den Punkt gebracht: „Die Konzeption eines Verstandes, der sich ganz selbst erklärt, enthält einen logischen Widerspruch."[11]

Vorhersagbarkeit und die offene Gesellschaft

Während natürlich dennoch zu allen Zeiten seit der Erfindung der Massenmedien der (Alb-)Traum von der Machbarkeit der sozialen Verhältnisse durch verlässlich wirksame kommunikative Manipulation von Wählern und Konsumenten geträumt wurde, hatte sich das moderne Kommunikationsmanagement zwischenzeitlich von unilateralen Beeinflussungsfantasien befreit. Zielstellungen wie Legitimitätsbeschaffung im gesellschaftlichen Diskurs — so eine sozialwissenschaftliche Perspektive — oder Senkung von Transaktionskosten durch Bereitstellung von Informationen — so eine ökonomische Sicht — spiegeln einen Reifungsprozess wider, der den Anforderungen einer offenen Gesellschaft ebenso Rechnung trägt wie der oben angeführten mangelnden Kalkulierbarkeit menschlichen Verhaltens. Es fragt sich nur, ob das so bleibt.

„Ich habe nur gezeigt, dass es die Bombe gibt": so lautet die Überschrift eines bemerkenswerten Interviews, das der polnische Psychologe Michal Kosinski der Schweizer Kulturzeitschrift „Das Magazin" im Dezember 2016 gegeben hat.[12] Darin beschreibt er, wie er als Student an der Universität Cambridge aufbauend auf psychometrischen Verfahren der Psychologie eine Methode entwickelt hat, um aus dem Abgleich zwischen Antworten in einem Quiz-Fragebogen und *Likes*, Porträtfotos und Nutzungsgewohnheiten in Sozialen Medien das Präferenzprofil von Kleinstgruppen zu ermitteln — mit der Möglichkeit, jeder Zielgruppe genau die Botschaft zukommen zu lassen, für die sie empfänglich ist. Kosinski glaubte, in den digitalen Kampagnenmethoden der Brexit-Befürworter in Großbritannien und in den digitalen Strategien des US-Präsidentschaftswahlkampfs seine Methode zu erkennen. Er war beunruhigt, und das zu Recht.

Wir verdanken das moderne Konzept der öffentlichen Meinung insbesondere dem US-amerikanischen Journalisten und Wissenschaftler Walter Lippmann. Unter dem Eindruck seiner Erfahrungen mit psychologischer Kriegsführung im Ersten Weltkrieg veröffentlichte er 1922 sein epochales Werk, das die Begrenztheit der Weltsicht des einzelnen Menschen und damit die Notwendigkeit der Herstellung einer öffentlichen Meinung im Wettbewerb zwischen medial vermittelten und politisch aggregierten Positionen hervorhebt.[13]

Maschinen mit Meinungen

Wir müssen uns besorgt fragen, ob wir am Ende des Lippmann-Universums angekommen sind und ins Zeitalter einer Öffentlichen Meinung 2.0 eintreten, die nicht mehr im Wettstreit zwischen faktenbasierten und kritisch hinterfragten Argumenten entsteht, sondern als Ergebnis der gezielten Ansteuerung von individuellen Ängsten, Hoffnungen und Instinkten. Es rundet das Gesamtbild ab, dass solche Impulse dann oft gar nicht mehr von Menschen ausgehen, sondern von digitalen Bots. Hier kann man sich nur der Einschätzung des Deutschen Rats für Public Relations anschließen, der Maschinen mit Meinungen für „unvereinbar mit den Grundsätzen verantwortungsbewusster Öffentlichkeitsarbeit" erklärt hat.[14]

Öffentliche Meinung steht für offene Gesellschaft — öffentliche Meinung 2.0 darf nicht zu digitalem Totalitarismus führen.

Öffentliche Meinung 2.0: Literarische Hausapotheke

Klassiker

Hannah Arendt (1906–1975)
„Elemente und Ursprünge totalitärer Herrschaft"
In ihrer Behandlung der Entstehungsbedingungen und Charakteristika totaler Herrschaft behandelt Arendt auch die zeitlose Empfänglichkeit des Menschen für in sich geschlossene Denkgebäude, die auch offensichtliche Fakten in Abrede stellen.

Jean-Jacques Rousseau (1712–1778)
„Der Gesellschaftsvertrag oder Grundsätze des politischen Rechts"
Rousseau unterscheidet den auf das Allgemeinwohl ausgerichteten gesellschaftlichen Willen *(volonté générale)* vom sich aus der reinen Aggregierung von Einzelinteressen *(volonté particulière)* ergebenden Willen aller *(volonté de tous)*.

Ferdinand Tönnies (1855–1936)
„Kritik der Öffentlichen Meinung"
Der Verfasser definiert unterschiedlich stabile bzw. volatile Aggregatszustände öffentlicher Meinung, behandelt ihre Entstehung und die Widersprüche zwischen öffentlicher Meinung und individueller Weltsicht.

Fachliteratur

Christoph Kucklick (2016)
„Die granulare Gesellschaft"
Kucklick warnt vor den möglichen Folgen der Digitalisierung sämtlicher Lebensbereiche für unser Menschenbild, für die gesellschaftlichen Institutionen und für das soziale Zusammenleben.

Evgeny Morozow (2013)
„Smarte Neue Welt"
Das Buch beleuchtet mit vielen Beispielen aus Politik und Wirtschaft die Schattenseiten digitaler Transparenz, Algorithmen-basiertes Produkt- bzw. Serviceangebot und datengestützter (Selbst-)Optimierung des Menschen.

Nate Silver (2012)
„The Signal and the Noise"
Nate Silver, der sich einen Namen mit der korrekten Vorhersage der Stimmabgabe in allen US-Staaten bei der Präsidentschaftswahl 2012 gemacht hat, zeigt die Potenziale von Big Data – und seine Grenzen bei Zukunftsprognosen.

4 Unboxing reality? – PR in der digitalen Plattformökonomie

„Wer die Welt beschreibt, so wie sie ist, auch der verändert sie": Das journalistische Leitmotiv von Klaus Bresser, ZDF-Chefredakteur von 1988 bis 2000, klingt wie ein Echo aus einer längst vergangenen, weitgehend noch analogen Welt.[15] Die kommunikativen Rollen waren in Zeiten knapper medialer Ressourcen und Verbreitungskanäle klar verteilt. Journalisten, die sich – so der Titel des (selbst-)bewusstseinsbildenden einschlägigen Buchs von Wolfgang Bergsdorf – als „4. Gewalt"[16] im Staat verstanden, begleiteten als kritische Chronisten das öffentliche Geschehen, während Pressesprecher, Öffentlichkeitsarbeiter und später Kommunikationsmanager für Politik und Wirtschaft interessengeleitete Außendarstellung betrieben. Georg-Volkmar Graf Zedtwitz-Arnim, in den 60er-Jahren PR-Direktor der Friedrich Krupp GmbH, hat den Leitspruch der klassischen PR in Deutschland eingeführt: „Tu Gutes und rede darüber."[17]

Journalisten und PR-Leute haben seitdem die Szenerie beherrscht und manchen Streit ausgefochten und dabei nicht mit wechselseitigen Vorwürfen und Unterstellungen gegeizt. Die Medien mußten sich den Vorwurf gefallen lassen, dass sie nicht nur dokumentieren, sondern immer wieder selbst zu aktiven und gelegentlich auch gesteuerten Gestaltern politischer und wirtschaftlicher Zusammenhänge werden; dies nicht selten mit klar erkennbaren Positionierungen in politischen Lagern. Autoren wie Uwe Krüger und Udo Ulfkotte haben über den Einfluss von Eliten auf Medien sehr kontrovers diskutierte Bücher geschrieben.[18]

Rollenverständnisse in Bewegung

Immer lauter wird auch der Ruf nach einem nicht nur auf kritische Begleitung, sondern auf die Suche nach konstruktiven Lösungen ausgerichteten „Solutions Journalism", wie etwa Ulrik Haagerup ihn beschreibt.[19] Umgekehrt werden PR-Manager und Unternehmenskommunikatoren heute oft mit den sprichwörtlichen *Spin-Doktoren* gleichgesetzt, die Positionen nicht nur aufklärend vermitteln, sondern ihren Auftraggeber um jeden Preis gut aussehen lassen wollen. Zedtwitz-Arnims Leitspruch wird so zu „Tue nur so und rede darüber" pervertiert.[20]

Im zweiten Jahrzehnt des 21. Jahrhunderts erscheinen die Rahmenbedingungen fundamental verändert und so kommen auch die Rollenbilder in Bewegung. Unternehmen wie Apple, Facebook und Google ökonomisieren menschliche Interaktion und bedienen dabei den Wunsch der Menschen nach zumindest medialer *Resonanz* in einer sich stetig beschleunigenden und entmaterialisierenden Welt, wie es der Soziologe Hartmut Rosa treffend beschrieben hat.[21] Wir sind nicht länger nur über knappe kommunikative und mediale Kanäle verbunden, sondern begegnen uns auf digitalen Plattformen, wo wir Lebensweisheiten, Alltagsabenteuer und eben auch Meinungen teilen. Journalisten und PR-Leute als Gestalter des öffentlichen Diskurses sind nicht mehr alleine, sondern treten in Konkurrenz zum *Menschen von nebenan*.

Konkurrenz für Journalisten und Kommunikationsmanager

Wer sich die Nutzer von Social Media als rein numerisches Aggregat vorstellt, das sich in seiner Einstellung zu Produkten oder politischen Positionen zufällig in die eine oder andere Richtung neigt, liegt falsch. Zu den Journalisten und Kommunikationsmanagern, die öffentliche Meinungsbildung seit den analogen Zeiten der Massenmedien strukturiert und gestaltet haben, tritt jetzt ein neuer Player hinzu: der *Influencer*. Er ordnet für seine *Follower* die Geschehnisse der Weltläufte ein, beurteilt die neuesten Trends, gibt Tipps für Aussehen und Lebensführung und lässt sich in ehemals intimen Augenblicken der Lebensfreude begleiten: *Unboxing-Videos*, die Influencer beim Auspacken neu erworbener Produkte zeigen, gehören zu den Klick-Rennern im Netz.

Längst ist *Influencer-Marketing* zum neuen Buzzword der Kommunikationsbranche geworden und in den Kommunikationsabteilungen wird an Konzepten gearbeitet, wie man auch in den eigenen Reihen *Digitale Influencer* findet: Network beats Content! — lautet an vielen Stellen der Schlachtruf, und gelegentlich wundert man sich dann auch, mit welchen Informationen und vor allem auch in welcher Frequenz sich etwa große Unternehmen und ihre Manager zu Wort melden. Tatsächlich sollte der Slogan der New York Times („All the news that's fit to print") — abgewandelt — auch für Influencer gelten: „All the news that's fit to tweet."[22]

Unboxing reality? – PR in der digitalen Plattformökonomie: Literarische Hausapotheke

Klassiker

Egon Jameson (1895–1969)
„Der Zeitungsreporter"

In den späten 50er-Jahren verfasste Handreichung für angehende und erfahrene Berichterstatter, die mit plakativen Beispielen und in sehr pointierter Sprache für Präzision, Eigenständigkeit und Unabhängigkeit journalistischer Arbeit eintritt.

Albert Oeckl (1909–2001)
„Handbuch der Public Relations"

Einer der Nestoren der deutschen PR-Praxis und -Lehre vermittelt sein Rollenverständnis für den PR-Manager, das auf den Abbau von Misstrauen und die Schaffung von Orientierung in der modernen Massengesellschaft ausgerichtet ist.

Tom Wolfe (1930–2018)
„Fegefeuer der Eitelkeiten"

Mit seinem literarischen Realismus hat der Schriftsteller Wolfe die Grenzen zwischen Journalismus und Fiktion durchbrochen, um der Gesellschaft – und in diesem Falle nicht zuletzt den Medien selbst – noch schonungsloser den Spiegel vorzuhalten.

Fachliteratur

Bharat Anand (2016)
„The Content Trap"

Das Buch stellt die zukünftige Bedeutung kommunikativer Vernetzung von Menschen, Produkten und Dienstleistungen in den Mittelpunkt, wobei die Grundannahme gilt: *Content is no longer king!*

Jeff Jarvis (2014)
„Ausgedruckt! Journalismus im 21. Jahrhundert"

Jeff Jarvis beschwört angesichts der Digitalisierung das Ende der Massenmedien im klassischen Sinne herauf und zeigt zugleich, wo Perspektiven für wirtschaftlich erfolgreichen und zugleich inhaltlich anspruchsvollen Journalismus liegen.

Andrew McAfee & Erik Brynjolfsson (2017)
„Machine Platform Crowd"

Die Autoren beschreiben die Auswirkungen des sich immer rascher entfaltenden digitalen Wandels auf unser Verständnis von betrieblichen Vermögenswerten, unternehmerischen Geschäftsmodellen und erfolgreicher Kundenbindung.

5 Techlash? – Die digitale Revolution frisst ihre Kinder

An der Schwelle zum 21. Jahrhundert wurde die Digitalisierung im Allgemeinen und das Internet als neues Massenmedium im Besonderen mit allerlei Heilsversprechen begrüßt. So verbrachte Peter Glaser 1996 (!) mit seinen Lesern „24 Stunden im 21. Jahrhundert" und stellte fest: „Der Mensch beginnt mit der gemeinschaftlichen Eroberung seiner Intelligenz und der weiten Areale des Geistes."[23]

Rund zwei Jahrzehnte später ist die digitale Zukunft angesichts von Datenmissbrauch, Meinungsmanipulation und Hypertransparenz in Sozialen Medien in Verruf geraten. Die Anhörung von Facebook-CEO Mark Zuckerberg vor dem amerikanischen Kongress war 2018 vorläufiger Höhepunkt dieser *Techlash* getauften Ernüchterung nach der digitalen Euphorie. Manche Kommentatoren sprechen schon von einem heraufziehenden *digitalen Winter*, in dem die stürmische Entwicklung der letzten 20 Jahre im Frost der gesellschaftlichen Kritik zum Erliegen käme. Der Wirtschaftsjournalist Patrick Bernau hat die neuen Sorgen treffend auf den Punkt gebracht: „Wo die digitale Technik menschliche Schwächen verstärkt, da entstehen ganz neue Probleme."[24] Für Anbieter wie Nutzer Sozialer Medien, so will man hinzufügen.

Abkehr von Differenz und Differenzierung

Zu den Problemen, die der konsequent nachfrageorientierten Logik digitaler Netzmedien entspringen und die auch dem Kommunikationsmanagement Kopfzerbrechen bereiten, gehört die Abkehr von Divergenz und Differenzierung.

Im März 2018 veröffentlichten die MIT-Forscher Vosoughi, Roy und Aral im Magazin *Science* eine Studie zur Nachrichtenverbreitung auf Twitter, für die sie 126.000 Themenkaskaden mit insgesamt rund 4,5 Millionen bezogenen Tweets auswerteten. Das Ergebnis war niederschmetternd: Falsche Nachrichten verbreiten sich auf Twitter deutlich schneller als richtige, weil ihre Weiterleitung bzw. Kommentierung mehr Aufmerksamkeit generiert.[25]

Wer hier mit Verweis auf die altbekannte Regel der Medienmacher *Nur schlechte Nachrichten, sind gute Nachrichten* gelassen abwinkt und zur Entspannung aufruft, verkennt den Ernst der Lage. Zum einen haben wir es hier mit einer Beschleunigung von Fehlinformation in nie bekanntem Ausmaß zu tun, zum anderen hat sich die Komplexität der politischen und wirtschaftlichen Verhältnisse in den letzten Jahren deutlich erhöht.

Wir leben in einer Welt, in der die vorherrschende Managementaufgabe für Politik und Wirtschaft nicht mehr Problemlösung in einer Dichotomie von richtig und falsch ist, sondern vielmehr in der Bewältigung von Dilemmata besteht, bei denen regelmäßig richtig auf richtig bzw. falsch auf falsch trifft. Sollte sich hier ein Medienutzungsmodell durchsetzen, das dem einzelnen Bürger nur noch die Informationen zuleitet, die seinen algorithmisch ermittelten Erwartungen oder seiner allzu menschlichen Sensationslust entsprechen, dann ist die plurale Gesellschaftsordnung in Gefahr und mit ihr die demokratische Meinungsbildung genauso wie wertschöpfendes Unternehmertum. Wer in der Öffentlichkeit steht, wird keine Alternative haben, als seine Toleranzschwelle für kritische mediale Begleitung zu erhöhen, während er seine Dilemmabehandlung im direkten Austausch mit Anspruchsgruppen regelmäßig neu kalibriert.

Wie tragisch diese Entwicklung ist, zeigt sich beim Blick auf die ungeheuren Chancen, die im Einsatz moderner (nicht nur) digitaler Technik zum Wohle der Menschheit liegen. Gefordert ist eine neue Perspektive, wie sie Ian Goldin und Chris Kutarna sowie Steven Pinker einfordern. Die genannten Autoren stellen der subjektiven Verzagtheit ob tatsächlicher oder vermeintlicher Krisen und Risiken eine Fülle überprüfbarer Fakten zum tatsächlichen Fortschritt für den Menschen in der Moderne gegenüber.[26]

Digitale Medien und die Demokratie

Um sich trotz scheinbar glasklarer Belege für die Verbesserung der Lebenssituation von Menschen auch in Deutschland dennoch gelegentlich die Augen reiben zu müssen, bedarf es aber nicht der Rezeption Sozialer Medien. Gert Wagner, drei Jahrzehnte lang als Direktor des *Sozio-ökonomischen Panels*, sozusagen der statistische Wegbegleiter des sprichwörtlichen *deutschen Michel*, antwortet auf die Frage, warum man in der Öffentlichkeit so selten von den verbesserten Lebensbedingungen in Deutschland höre: „Ich habe den Eindruck, viele Journalisten übertragen ihre schlechter gewordenen beruflichen Bedingungen auf die Republik."[27]

Der amerikanische Politikwissenschaftler Patrick Deneen schlägt hier mit seiner Analyse des Zustands der liberalen Demokratie einen weiteren Bogen. Er geht über die bekannte These von der Unfähigkeit der repräsentativen Demokratie, ihre eigenen bürgergesellschaftlichen Werte und Grundlagen zu schaffen, hinaus, und argumentiert, dass ein ausschließlich staats- und marktgläubiger Liberalismus diese Basis sogar zerstört.[28] Man muss sein Schreckensszenario nicht vollständig teilen, um zu erkennen, welche Rolle in diesem Zusammenhang digitale Medien bzw. deren Missbrauch bei der Herstellung von Öffentlichkeit spielen können.

Techlash? – Die digitale Revolution frisst ihre Kinder: Literarische Hausapotheke

Klassiker

Arthur C. Clarke (1917–2008)
„2019-07-20. Ein Tag im 21. Jahrhundert"
Clarke, der auch den denkenden Computer HAL in „2001 Odyssee im Weltraum" ersonnen hat, spekuliert in den späten 80er-Jahren über den Stand der technologischen Innovationen und ihre gesellschaftlichen Folgen.

Vilém Flusser (1920–1991)
„Kommunikologie"
Flusser unterschied Dialoge, die Informationen schaffen, von Diskursen, die Informationen übertragen. Eine telematische Gesellschaft, in der Dialoge dominieren, könne alte Herrschaftsstrukturen überwinden.

Karl Polanyi (1886–1964)
„The Great Transformation"
Am Beispiel der industriellen Revolution in England behandelt das Buch die Entstehung einer sich zunehmend selbstregulierenden Ökonomie und die umwälzenden gesellschaftlichen Folgen dieser Entwicklung.

Fachliteratur

Thomas L. Friedman (2016)
„Thank you for Being Late"
Der Verfasser beschwört die dramatischen Veränderungen, die sich im 21. Jahrhundert aus technologischem Forschritt, wirtschaftlicher Globalisierung und fort-

schreitendem Klimawandel ergeben und sieht große Chancen, wenn wir besonnen handeln.

Eric Schmidt & Jared Cohen (2013)
„Die Vernetzung der Welt"
Ein führender Kopf des Silion Valley und ein Politikberater zu den möglichen Beiträgen, die digitale Vernetzung zur Lösung drängender Fragen in Politik und Gesellschaft leisten kann, wenn sie richtig eingesetzt wird.

Shoshana Zuboff (2018)
„Das Zeitalter des Überwachungskapitalismus"
Die Verfasserin warnt vor den Folgen einer wirtschaftlichen Revolution, die den Menschen und die von ihm generierten Daten zum wichtigsten Rohstoff macht, und fordert einen weniger naiven Umgang mit dem Digitalen.

6 Am Ende des kommunikativen Projekts des Westens

Die Welt ist im Gegensatz zur emblematischen Überschrift von Thomas Friedmans Analyse zu Beginn des 21. Jahrhunderts („The world is flat") immer noch nicht wirklich „flach" — also wirtschaftlich völlig global vernetzt, aber wir leben ohne Zweifel in einer globaleren Wirtschaft als je zuvor.[29]

Die in den letzten Jahrzehnten erstarkten jungen Industrienationen, wie Brasilien, Indien, Mexiko und vor allem China, beginnen — bei allen zeitweisen Rückschlägen — erfolgreich in die Märkte der westlichen Welt zu exportieren, und ihre Unternehmen werden mit raschem Schritt selbst zu Global Playern. Vor allem die Entwicklung der chinesischen Wirtschaft ist beeindruckend. Die Anzahl chinesischer Unternehmen, die in der jährlich *Fortune*-Liste der 500 umsatzstärksten Unternehmen der Welt erscheinen, nahm in den letzten 15 Jahren kontinuierlich zu. 2012 lag der Wert noch bei 79, 2014 waren es schon 100, 2018 sind es 120.

Das pazifische Zeitalter bricht herauf

Mit dieser Verschiebung der wirtschaftlichen Gewichte geht auch eine Neuordnung der internationalen Beziehungen einher. So überrascht es nicht, wenn im Rahmen des APEC CEO-Summit in Peking 2014 sowohl der amerikanische als auch der russische Präsident die herausragende Bedeutung der Handelsbeziehungen ihrer Länder mit dem asiatischen Raum im Allgemeinen und der Volksrepublik China im Besonderen hervorgehoben haben. Im Nachgang machte das Wort vom heraufbrechenden pazifischen Zeitalter die Runde. Es braucht nicht viel Fantasie, um zu erkennen, dass mit dem Verlust der wirtschaftlichen und politischen Dominanz des Westens auch seine Vorherrschaft in Fragen der philosophischen und an westlichen Werten orientierten Weltdeutung relativiert wird. Das „normative Projekt des Westens", wie es der Historiker Heinrich August Winkler beschrieben hat, erhält Konkurrenz – und das gilt auch für das „kommunikative Projekt des Westens".[30]

Globale Kommunikationswelt auf westlichem Leisten

Für die Kommunikationswissenschaft wie für das Kommunikationsmanagement als Schlüsselfunktion modernen Unternehmertums ist diese Entwicklung Herausforderung und Chance zugleich. Zunächst einmal ist festzuhalten, dass die Traditionslinien und Schlüsselkonzepte der Public Relations bis hin zu Kernbegriffen wie *Opinion Leader*[31] und *Gatekeeper*[32] wesentlich angelsächsisch geprägt sind. Ein Trend, der – wie das Beispiel der epochalen, aber gleichfalls angelsächsisch dominierten Exzellenz-Studie von James und Larissa Grunig zu den Erfolgsfaktoren gelungener Kommunikationsarbeit zeigt – bis in die jüngste Vergangenheit anhält.[33] Vereinfacht ausgedrückt: Wir schlagen die globale Kommunikationswelt noch immer über einen westlichen Leisten.

Wie kurz das greift, hat Guo-Ming Chen, Professor für Kommunikation an der University of Rhode Island, sehr treffend als Ergebnis eines Abgleichs zwischen westlicher und östlicher Weltsicht herausgestellt: Eurozentrische Vorstellungen führen zu einer Überbetonung des eigenen Selbstvertrauens, einer eindimensionalen Weltsicht und der Vorstellung der Vorherrschaft westlicher Macht. Wo der Westen *individualistisch* denke und handle, stelle der Osten das *Kollektiv* in der Vordergrund. Wo der Westen die *Konfrontation* suche, orientiere sich der Osten in Richtung *Harmonie*. Und im Instrumentenkoffer des östlichen Managements spiele *Intuition* eine wichtige Rolle, während im Westen das Primat der *Logik* gelte.[34]

Westlich geprägtes Kommunikationsmanagement überdenken

Wer nicht daran glaubt, dass es erforderlich sein könnte, den bisherigen — vor allem westlich geprägten — Ansatz des Kommunikationsmanagements zu überdenken, der muss nur das Gespräch mit den asiatischen Statthaltern der Unternehmenskommunikation großer westlicher Unternehmen suchen. Der Autor hatte hierzu im Rahmen einer Konferenz zu Fragen der strategischen Kommunikation an der Nanyang Technological University in Singapur 2014 die Gelegenheit. Auf die Frage nach der größten Herausforderung für die regionale Kommunikationsarbeit vor Ort waren sich die Kommunikationsprofis einig: die Vermittlung zwischen globalen Kommunikationsstrategien und asiatischer Weltsicht.

Am Ende des kommunikativen Projekts des Westens: Literarische Hausapotheke

Klassiker

Hermann Hesse (1877–1962)
„Siddharta"

Hesse vermittelt anhand der Hauptfiguren Siddharta und Govinda ein Verständnis für die Weltsicht von Hinduismus und Buddhismus, wobei er auch in der fernöstlichen Kultur dem spirituellen Lebensentwurf einen weltlichen gegenüberstellt.

Samuel Huntington (1927–2008)
„Kampf der Kulturen"

Der Politikwissenschaftler Huntington sah nach dem Ende des Kalten Krieges eine multipolare Weltordnung voraus, in der nicht alleine die westliche Kultur den Modernisierungsbegrriff für sich beanspruchen kann.

Johann Wolfgang von Goethe (1749–1832)
„West-östlicher Divan"

Goethe nimmt in dieser durch den persischen Dichter Hafis inspirierten Gedichtsammlung die Globalisierung literarisch voraus und vergleicht mit Sympathie und Einfühlungsvermögen christliche und muslimische Weltsichten.

Fachliteratur

Jürgen Bolten (2015)
„Einführung in die interkulturelle Wirtschaftskommunikation"
Bolten vermittelt theorethische Grundlagen der interkulturellen Kommunikation als Fachgebiet und überträgt diese auf konkrete wirtschaftliche Anwendungsfelder wie Organisationslehre, Marketing und Personalarbeit.

Craig E. Carroll (2011)
„Corporate Reputation and the News Media"
Die Beiträge in diesem Sammelband behandeln die Besonderheiten des Reputationsaufbaus unter jeweils spezifischen Bedingungen nationaler Medienmärkte in entwickelten und sich entwickelnden Ländern.

Krishnamurty Sriramesh, Ansgar Zerfass, Jeong-Nam Kim (2013)
„Public Relations and Communications Management"
Sammlung von Beiträgen, die den Stand der Bemühungen um ein weniger US-amerikanisch-europäisch geprägtes PR-Verständnis in Wissenschaft und Praxis dokumentieren.

V. Postmoderne Unternehmenskommunikation in der Praxis

1 Strategie – Reputation + Bonding = Beziehungskapital

Bei der Entwicklung einer langfristig ausgerichteten Kommunikationsstrategie muss die Frage, in welcher kommunikativen Währung der Return-on-Investment (ROI) von Positionierungsmaßnahmen für das Unternehmen, seine Produkte und Marken sinnvoll gemessen werden kann, immer eine entscheidende Rolle spielen. Hier hat sich zwischenzeitlich der Parameter *Reputation* als Leitgröße etabliert – insbesondere weil sich in Wissenschaft und Praxis ausreichend überzeugende Belege für eine positive Wechselwirkung zwischen der Unternehmensreputation und dem Erfolg eines Unternehmens im Wettbewerb um Kunden, Mitarbeiter und Kapitalgeber gezeigt haben.[1]

Reputation als etablierte Leitwährung der Kommunikationssteuerung

Zudem haben auf der Basis vergleichender Reputationsbefragungen durchgeführte Regressionsanalysen mit hoher Übereinstimmung ein Set von wesentlichen *Reputationstreibern* ermittelt, die gleichsam als anzusteuernde Hebel und Druckpunkte für die Kommunikationsstrategie dienen können. Dies sind insbesondere:

- Produkte & Dienstleistungen,
- Qualität als Arbeitgeber,
- Geschäftserfolg,
- Führung & Management,
- Vision & Strategie und
- unternehmerische Verantwortung.

Die für die genannten Reputationstreiber in der breiten Öffentlichkeit und bei relevanten Stakeholder-Gruppen wie Kunden, Mitarbeitern, Anlegern sowie kritischen NGOs ermittelten Werte können im Vorgang der Strategiebildung den Ausgangspunkt für die Entwicklung und Implementierung eines umfassenden Kommunikationsplans bilden.

Obwohl sich die Unternehmenskommunikation in der ökonomischen Postmoderne — wie in den Kapiteln I bis IV dargestellt — auf neue Herausforderungen immer entschiedener, auch mit Hilfe sozialer Medien agierende Anspruchsgruppen einstellen muss, bleibt das methodische Primat des Reputationsmanagements bisher weitgehend unangetastet. Anonyme Zielgruppen werden mit sozialwissenschaftlichen Methoden vermessen und dann mit Instrumenten der massenmedialen Kommunikation angesteuert. Die neuen Möglichkeiten der digitalen Kommunikation sorgen hier allenfalls für eine Ergänzung der kommunikativen Ausrichtung und werden für einzelne dialogische Elemente und spezifische Segmentierungen beim Vorgehen genutzt.

Insofern findet Kommunikationsmanagement bzw. Kommunikationssteuerung zwar unter den Bedingungen der Postmoderne statt, aber die Frage nach postmodernen Strategien der Unternehmenskommunikation bleibt bisher weitgehend unbeantwortet. Vor diesem Hintergrund können Erfahrungen von Interesse sein, die bei Unternehmen gemacht werden, die Corporate Communications und Corporate Responsibility — also das dezidierte Nachhaltigkeitsmanagement des Unternehmens — funktional integrieren. Zu den Vorreitern unter den DAX-30-Unternehmen zählten hier BASF und BMW. 2013 hat auch die Deutsche Post DHL Group diese organisatorische Aufstellung gewählt. Es erweist sich, dass beide Funktionen auf der Grundlage eines von Bereitschaft und Fähigkeit zur Corporate Empathy geprägten Selbstverständnisses sehr viel voneinander lernen und sich jenseits ihrer jeweils spezifischen fachlichen Aufgaben hilfreich ergänzen können.

Wo Kommunikatoren sich der Aufgabe widmen, mit dem Ziel des Reputationsaufbaus gezielt Wahrnehmungen zu beeinflussen, streben Nachhaltigkeitsmanager den Interessensausgleich mit Anspruchsgruppen auf dem Wege der Interaktion an. Während sich die Unternehmenskommunikation auf die Herstellung medialer Aufmerksamkeit (Signifikanz) durch massenmediale Ansprache von vielen versteht, konzentriert sich das Nachhaltigkeitsmanagement auf die Behandlung thematischer Wesentlichkeit (Relevanz) vor allem im dialogischen Austausch mit wenigen.

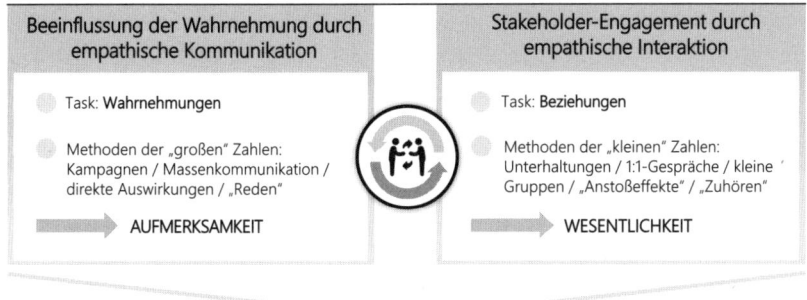

Beeinflussung der Wahrnehmung durch empathische Kommunikation	Stakeholder-Engagement durch empathische Interaktion
Task: **Wahrnehmungen**	Task: **Beziehungen**
Methoden der „großen" Zahlen: Kampagnen / Massenkommunikation / direkte Auswirkungen / „Reden"	Methoden der „kleinen" Zahlen: Unterhaltungen / 1:1-Gespräche / kleine Gruppen / „Anstoßeffekte" / „Zuhören"
➡ AUFMERKSAMKEIT	➡ WESENTLICHKEIT

Reputation + Bindung = Beziehungskapital

Abbildung 2: Beziehungskapital

Neuausrichtung des Reputationsmanagements

Hier liegt ein interessanter Anknüpfungspunkt für eine Neuausrichtung des Reputationsmanagements, denn empathische Kommunikation zu bzw. mit wichtigen Zielgruppen und empathische Interaktion mit kritischen Stakeholder-Gruppen ergänzen sich gleichsam zur vollen Aktivierung des Reputationspotenzials eines Unternehmens, indem erforderliche Aufmerksamkeit und angemessene Wesentlichkeit in Balance gebracht werden können (siehe Abbildung 2).

Eine Schlüsselrolle kann dabei gezielten Stakeholder-Befragungen zukommen, im Rahmen derer die Teilnehmer ihre Erwartungen und Anforderungen zu allen Dimensionen verantwortungsvoller Unternehmensführung zum Ausdruck bringen. Mit Hilfe einer daraus abgeleiteten *Materialitätsanalyse* kann verlässlich eingeschätzt werden, welche Themen für das Unternehmen wesentlich sind. Damit wird die Materialitätsanalyse — neben dem bereits in den meisten Unternehmen etablierten Issues Monitoring innerhalb der veröffentlichten Meinung — zu einem Instrument, mit dem die Erwartungen interner und externer Stakeholder zum Kompass für die langfristige strategische Positionierung des Unternehmens gemacht werden können.

So ergibt sich nicht nur eine sehr viel feinere Justierungsmöglichkeit für die strategische Ausrichtung der Unternehmenskommunikation. Vielmehr entsteht in der Folge auch ein fundierter Beurteilungsmaßstab, der angesichts zunehmender Frequenz und Amplitude medialer Aufregung zwischen bedeutsamen und nachrangigen Erscheinungen und Kommentierungen etwa in der tagesaktuellen Berichterstattung zu unterscheiden hilft.

Die Ergebnisse der Materialitätsanalyse wie des Issues Monitoring können im persönlichen Austausch mit Expertengremien zusätzlich validiert werden, um die aggregierten Erwartungen der Anspruchsgruppen mit der Praxis des unternehmerischen Alltags und dem aktuellen Stand der entsprechenden Diskussionen in Wissenschaft, Politik und Ethik abzugleichen. Hierfür bietet sich die Einrichtung interner Netzwerke und Plattformen an, die den Raum für die gesamthafte Behandlung von Stakeholder-Anfragen und -Anforderungen schaffen, während die Verantwortungen für die verschiedenen Dimensionen nachhaltigen Wirtschaftens im Unternehmen weiterhin fachspezifisch aufgeteilt bleiben.

ROI einer postmodernen Kommunikationsstrategie

Mit dieser an den Einstellungen und Bedürfnissen der Stakeholder orientierten Vorgehensweise wird unmittelbar eine einseitig signifikanzorientierte Kommunikationssteuerung in Frage gestellt. Der ROI einer postmodernen Kommunikationsstrategie kann nicht allein in einseitigen Aggregaten wie Vertrauen, medialer Aufmerksamkeit oder Image gemessen werden. Vielmehr muss auch der Interaktionsaspekt des Austauschs mit kritischen Anspruchsgruppen berücksichtigt werden, wie er sich im fachlichen Dialog, im konkreten Interessensausgleich und in gemeinsamen Projekten dokumentiert. Es geht nicht nur um einen erreichten Ansehensstatus, sondern auch um Beziehungsqualität. Es geht um Reputation und *Bonding*.[2]

Die ursprüngliche kommunikative Leitwährung Reputation ist damit in der postmodernen Kommunikationssteuerung nur Bestandteil einer umfassenderen Ressource, die im Verhältnis zwischen Unternehmen und seiner Umwelt entsteht und letztlich ein soziales Kapital darstellt, dessen Wert sich in wechselseitiger Akzeptanz, Kooperation und Reziprozität dokumentiert. Die Definition dieser Ressource und ihre Ermittlung in Kombination der den Kommunikatoren vertrauten großen Zahlen der Aufmerksamkeitsanalysen (z. B. Zirkulation, Einschaltquoten und Klicks) mit der für die Nachhaltigkeitsmanager bedeutsamen kleinen Zahlen der Wesentlichkeitsanalysen (z. B. Stakeholder-Feedbacks, unabhängige Rankings und zertifizierten Qualitätssiegel) ist ein wesentliches Desiderat der Unternehmenskommunikation auf dem Wege zu ihrem postmodernen Paradigma.

Abkehr vom Denken in Zielgruppen

Zwar gibt es erste Ansätze, die aus Wechselwirkungen zwischen Stakeholder-Dialogen vor Ort und medial vermittelten Perzeptionen gezielte Rückschlüsse zu Entstehungsmechanismen und Wirkungszusammenhängen bei der Schaffung von Beziehungskapital suchen[3], aber von umfassenden Messgrößen oder gar einer neuen kommunikativen Leitwährung für die Postmoderne, die dann auch Einzug in das unternehmerische Berichtswesen zu sogenannten *Intangible Assets* finden könnten, sind wir noch weit entfernt.

Das ist aber kein Grund zur Kapitulation vor der Aufgabe und zum Verharren in etablierten Mustern der strategischen Ausrichtung von Unternehmenskommunikation in der Praxis. Schon die rein konzeptionelle Abkehr vom Denken in passiven Zielgruppen und das systematische Einspielen von gesellschaftlichen Erwartungen in die Strategiebildung bringt Vorteile — auch ganz unabhängig von der Frage, ob im jeweiligen Unternehmen Kommunikation und Nachhaltigkeit integriert behandelt werden oder nicht. Materialitätsanalysen sind nicht sehr aufwendig und können im Einzelfall sogar mit Bordmitteln erledigt werden, wenn die Mittel für umfassende empirische Befragungen fehlen.

Was die Messung von Beziehungskapital angeht, so kann man sich zunächst damit begnügen, die großen Zahlen der klassischen Aufmerksamkeitsanalysen mit den kleinen Zahlen der Wesentlichkeitsanalysen in einem Cockpit zu zeigen und ihre Entwicklung entlang der Zeitachse entsprechend auf einen Blick zugänglich zu machen. Wenn hier die Trends in unterschiedliche Richtungen zeigen (positive Perzeptionsdaten, aber negative Bonding-Feedbacks), dann verweist auch das schon auf Nachstellbedarf beim Aufbau von Sozialkapital.

2 Taktik – Planung + Projekte = Wirkung

Jede strategische Kommunikationsplanung kann nur so gut sein wie das Potenzial ihrer taktischen Umsetzung. Um die etablierte Zielgröße Reputation systematisch anzusteuern, können auf der Grundlage der Abweichungen zwischen Ist-Ständen und angestrebten Soll-Ständen der im vorherigen Kapitel genannten Reputationstreiber zunächst strategische Leitlinien und Schwerpunkte festgelegt werden. Diese basieren zum einen auf den Zielen der langfristigen Geschäftsstrategie des Unternehmens sowie auf den Jahresplanungen der Geschäftsbereiche und wesentlicher funktionaler Ressorts wie Personalwesen, Forschung & Entwicklung und Finanzen. Zum anderen berücksichtigen sie kommunikative Chancen und Herausforderungen, wie sie sich aus dem aktuellen öffentlichen Ansehen des Unternehmens und relevanten gesellschaftlichen Diskursen ergeben. Diese Schwerpunkte, die als strategische Hauptlinien die grundlegende Ausrichtung der Kommunikation vorgeben, müssen dann unter Einbeziehung regionaler und lokaler bzw. geschäftsnah agierender Kommunikatoren und weiterer interner Stakeholder feinjustiert werden.

Nicht auf Unentschieden spielen

Auf der Grundlage eines solchen strategischen Orientierungsrahmens, der bewusst plakativ auf wenige Kernziele oder Schlüsselbegriffe wie zum Beispiel *Resilienz, Glaubwürdigkeit, Verantwortung* oder *Strategievermittlung, Differenzierung, operative Exzellenz* reduziert werden sollte, können dann spezifische strategische Initiativen entstehen, in die kommunikative Ressourcen gezielt investiert werden. Ohne diese konkreten strategischen Initiativen, die den Fokus auf die Erreichung der definierten Ziele fixieren, gerät Kommunikationsmanagement zum permanenten Reparaturbetrieb entlang externer Bedarfe. Natürlich gibt es Phasen, in denen kurzfristig auftretenden Herausforderungen für das Ansehen des Unternehmens der Vorrang vor strategischen Kommunikationszielen gegeben werden muss – wie etwa angesichts eines mehr als 50 Tage währenden Streiks bei der Deutschen Post in 2015.

Letztlich konzentrieren sich aber die Verantwortlichen immer wieder auf die Umsetzung ihrer mit Ressourcen und Zeitplänen hinterlegten strategischen Initiativen. Oder um es in der Sprache des Fußballs zu sagen: Nur mit grundlegender Spielanlage und einstudierten taktischen Spielzügen zugleich kann man auch gezielt Tore schießen. Wenn diese Kombination fehlt, spielt das Team bestenfalls auf unentschieden. Zuletzt: Der gesamte Plan mit Ausgangsmessungen bei den Reputationstreibern, Schwerpunkten der Kommunikation, konkreten Projekten und dem Budget sollte jeweils für das Folgejahr mit der Unternehmensführung diskutiert und verabschiedet werden.

Als Beispiele für wesentliche strategische Kommunikationsprojekte mit dem Ziel des externen Reputationsaufbaus können im Falle von Deutsche Post DHL Group die Publikationsreihe *Delivering Tomorrow* zu Zukunftsfragen der Logistikindustrie und ihres sozio-ökonomischen Umfelds, der *DHL Global Connectedness Index* zur Messung des weltwirtschaftlichen Vernetzungsgrades, der *Deutsche Post Glücksatlas* zur Lebenszufriedenheit in Deutschland und die DHL-Werbekampagnen *The Speed of Yellow* bzw. *The Power of Global Trade* inklusive parallel aufgebauter passgenauer Sponsoring-Partnerschaften etwa mit der Formel 1, der Formula E und dem FC Bayern München genannt werden. Für diese strategischen Schlüsselprojekte setzte das Unternehmen auf umfassende Kommunikationspläne. Die Bandbreite reicht hier in den letzten Jahren von *Delphi Dialogen* als zukunftsorientierter Veranstaltungsreihe zum Austausch mit Meinungsführern über globale Medienpartnerschaften wie etwa mit CNN, CNBC und der Time Inc.-Gruppe bis zu Blogger-Events mit Meinungsführern der digitalen Szene wie dem Internet-Futurologen Ben Hammersley.

Strategische Planung und strategische Projekte

Die gleiche systematische Logik des Kommunikationsmanagements kann auf den internen Reputationsaufbau angewendet werden. In vielen Unternehmen steht hier aktuell die Stärkung der Nachfrageorientierung bei den Inhalten und der Dialogfähigkeit bei den Formaten auf der Agenda. Auch hier kann mit handwerklich optimaler Gestaltung klassischer Kommunikationsinstrumente allein kein ausreichender Effekt erzielt werden. Gefordert sind vielmehr strategische Maßnahmen wie die Einrichtung von Leserbeiräten für interne Medien, die Schaffung spezieller digitaler Informationsangebote für Mitarbeiter in der Produktion (und damit ohne Computerzugang am Arbeitsplatz), der Einbau von Bewertungs- und Kommentierungsfunktionen für das Intranet oder umfassende interne Kommunikationskampagnen zu Schlüsselthemen wie Compliance und IT-Security bzw. zur Motivation der Belegschaft durch die Chance zur Darstellung des ganz persönlichen Leistungsbeitrags des Einzelnen in Wort und Bild.

Im Ergebnis der beschriebenen Kombination aus strategischer Orientierung und taktischer Umsetzung kann es gelingen, das Ansehen eines Unternehmens in der internen und externen Öffentlichkeit systematisch zu beeinflussen. Im Fall der Deutsche Post DHL Group ist der von TNS Infratest erhobene TRI*M-Index zur Reputation von 74 Indexpunkten (auf einer Skala bis 100) in 2010 auf 78 Indexpunkte in 2018 gestiegen. Intern hat der — entlang der gleichen Treiber und Skalen erhobene — Reputationsindex im gleichen Zeitraum um 21 Punkte zugelegt. Beide Entwicklungen wurden natürlich durch die positive Entwicklung des Unternehmens im gleichen Zeitraum wesentlich begünstigt. Zugleich hat die konsequente strategische Ausrichtung über rund ein Jahrzehnt aber auch negativ bzw. ambivalent wirkende Faktoren wie Streiks, Gewinnwarnungen und konjunkturelle Eintrübungen kommunikativ abgefedert.

Unabhängige Analysen zeigen auch einen deutlichen Anstieg bei den Bewertungen der Leistungsmarken im Zeitraum der strategischen Kommunikationsplanung. Laut Brand Z-Studie von *Millward Brown* hat sich der Wert der Marke DHL von 2011 (6,8 Mrd. US-$) bis 2018 (20,6 Mrd. US-$) mehr als verdreifacht. *Interbrand* führt DHL im Jahre 2015 in der Liste der 100 wertvollsten Marken der Welt auf Platz 62. Natürlich hat bei diesen Entwicklungen auch der positive Trend der Geschäftsergebnisse der Gruppe im gleichen Zeitraum eine wichtige Rolle gespielt.

Strategische Kommunikationssteuerung braucht taktische Kalibrierung

Das strategische Kommunikationsmanagement kann trotz der beispielhaft dargestellten Planungssystematik nicht in den Rang einer Sozialtechnik erhoben werden. Auch durch das gezielte Ansteuern von Aggregaten wie Reputation und entsprechender Treiberfaktoren können kommunikative Verhältnisse nicht *erzwungen* werden. Dies zu glauben, hieße die Augen vor der grundsätzlichen Komplexität gesellschaftlicher Zusammenhänge zu verschließen. Auf das Aufgabenfeld der kommunikativen Steuerung übertragen, ergibt sich in der postmodernen Konstellation zusätzlich zur strategischen Planung als Orientierungspunkt die Notwendigkeit zur kontinuierlichen taktischen Kalibrierung mit dem Ziel der nicht nur kurz- und mittelfristig erfolgreichen, sondern auch nachhaltig durchhaltbaren

Ausrichtung der Kommunikationsarbeit unter der Annahme, dass sich die Lage gleichsam über Nacht fundamental ändern kann.

Strategisches Kommunikationsmanagement darf keinesfalls auf kontinuierlichen Reputationsaufbau reduziert werden. Trotz ihrer Bedeutung für den langfristigen Erfolg ist die kommunikative Logik unternehmerischer Entscheidungen letztlich nur ein Aspekt unter vielen, der mit Fragen des Geschäftserfolgs regelmäßig auch in einem Spannungsverhältnis steht. Das wird besonders dann deutlich, wenn Geschäftsentscheidungen unmittelbar Gegenstand einer breiteren gesellschaftlichen Debatte mit entsprechenden Positionierungen meinungsführender Medien oder politischer Akteure sind. In einem solchen Fall erweist sich Reputation als Ressource, die nicht nur systematisch aufgebaut, sondern dann auch gezielt investiert werden kann und oft muss.

Dabei kann ein Reputationsinvestment auch beinhalten, dass der ROI nicht kurz-, sondern erst mittel- bis langfristig wirksam wird. In einem solchen Fall gilt es die Ausrichtung der Kommunikationsarbeit entlang realistischer Ziele taktisch zu kalibrieren: Wo man aufgrund grundlegender gesellschaftlicher Meinungstrends und negativer Betroffenheit breiter Bevölkerungsgruppen keine breite Akzeptanz oder gar positive Aufnahme erwarten kann, ist Balance zwischen Befürwortung und Ablehnung – etwa in der Berichterstattung der meinungsführenden Medien oder auch den entsprechenden internen Feedback-Kanälen – ein angemessenes Ziel. Wer nur *geliebt* werden will und daher Reputationsmanagement uneingeschränkt als Optimierungsaufgabe versteht, reduziert hingegen *per se* den kommunikativen Spielraum für das Unternehmen auf genau die von der Öffentlichkeit kurzfristig akzeptierte Bandbreite.

Lagebilder aus Big Numbers, Big Data und Small Data

Entscheidend bei der Auslotung dieses Spielraums kann der Abgleich zwischen den im vorherigen Kapitel beschriebenen kleinen und großen Zahlen sein. Im Umgang mit *Big Numbers* – großen Zahlen im Sinne großer Umfragestichproben – hat das Kommunikationsmanagement traditionell große Erfahrung. Meinungsanalysen, Markenbekanntheitsstudien und Mitarbeiterbefragungen basieren auf großen Datensätzen. Sie gewähren nicht nur Einblicke in die Reputation oder das Markenimage des Unternehmens, sondern helfen auch bei der Priorisierung der Kommunikationsthemen und -maßnahmen. Diese Zahlen stehen meist auch im Mittelpunkt, wenn es darum geht, den Wertbeitrag der Unternehmenskommunikation zu dokumentieren. Mit Big Data kommen nun kontinuierliche Echtzeit-Datenströme hinzu, die komplex sind, aber — richtig ausgewertet — nützliche Einblicke zum Beispiel in Märkte, Kunden und Medienstimmungen geben. So sind bei vielen Unternehmen bereits Echtzeit-Issues-Monitoring-Tools im Einsatz, die kontinuierlich und weltweit die Medienberichterstattung zu Themen analysieren, die relevant für das jeweilige Haus sind.

Komplettiert wird das Lagebild durch Small Data, die sich durch begrenzte Volumina, eine unregelmäßige Datenerfassung und kleinere Abgrenzungen auszeichnen. Small Data ist zum Beispiel das Ergebnis von Interviews und direktem Austausch vor allem mit kritischen Köpfen. Gewöhnlich dienen diese Daten dazu, konkrete Fragen zu beantworten und gezielte Einblicke zu geben — dementsprechend hoch ist auch ihre Qualität. So entsteht Feedback zu Themen, die für Stakeholder und Unternehmen gleichermaßen relevant sind — zum Beispiel in Sachen nachhaltiger Unternehmensführung oder Kundenzufriedenheit.

Im Ergebnis ergibt sich ein kommunikativer Ansatz, der strategische Ziele mit dezidierten Projekten verfolgt und mit Hilfe von Big Numbers, Big Data und Small Data für kontinuierliche Kalibrierung zwischen Strategie und Taktik sorgt.

3 Management – Hierarchie + Netzwerk = Organismus

Angesichts postmoderner Herausforderungen gilt es auch, neue Erfolgsfaktoren und Managementmethoden für die Unternehmenskommunikation zu berücksichtigen — dies allerdings ohne das Kind mit dem Bade auszuschütten. Prinzipiell durchaus interessante Experimente wie die völlige Abschaffung von Hierarchien, die demokratische Wahl von Führungskräften oder gar die Abstimmung über Qualitätskriterien müssen nicht zwangsläufig zu besseren Ergebnissen führen, wenngleich die Akzeptanz für die getroffenen Entscheidungen in der Regel steigen dürfte.

Jenseits der zuletzt heiß diskutierten fundamentalen Zeitenwende im Kommunikationsmanagement hin zur Agilität mit allen Konsequenzen, bieten sich hier konkrete Anknüpfungspunkte schon bei der konsequenten Ausrichtung auf die in den vorherigen Kapiteln beschriebene Kombination von strategischer Planung und wirkmächtiger taktischer Umsetzung. Es hat sich in der Praxis erwiesen, dass kommunikative Projekte von strategischer Bedeutung am besten von gemischten Teams verantwortet und bearbeitet werden, die verschiedene Kompetenzen der Kommunikationsfunktion verbinden und zugleich als *Chefkümmerer* die Umsetzung der entsprechenden Maßnahmen sicherstellen. Die schrittweise Realisierung aller strategischen Projekte bei der Einhaltung des gesteckten Budgetrahmens sollte dann parallel zum kommunikativen Tagesgeschäft nachgehalten werden — etwa mit einem sogenannten *Technical Implementation Plan*, der — im Führungsteam regelmäßig präsentiert — den Umsetzungsstand der einzelnen Maßnahmen sowie den erforderlichen Einsatz von Arbeitskraft und Budget mit einer Ampellogik begleitet.

Integrierte Kommunikationsfunktionen dominieren

Dennoch steht natürlich die Frage im Raum, ob es angesichts postmoderner Herausforderungen auch eines neuen organisatorischen Paradigmas für das Kommunikationsmanagement bedarf. Dabei gilt grundsätzlich, dass es einen jenseits aller Besonderheiten von spezifischen Geschäftsmodellen, Internationalisierungsgraden, Unternehmenskulturen und Firmengeschichten gültigen Goldstandard für die Organisation von Kommunikationsmanagement nicht gibt.

Heute dominiert eine integrierte Aufstellung der Kommunikationsfunktion, die — mit Zuständigkeit für alle Geschäftsbereiche — sämtliche für den systematischen Aufbau von Beziehungskapital erfolgsentscheidenden Disziplinen wie Media Relations inklusive umfassender Social Media-Präsenz, Internal Comunications, Communications Strategy, Stakeholder Relations, Corporate Brand Marketing und Corporate Responsibility steuert. Übergeordnete operative Geschäftseinheiten wie auch die funktionalen Bereiche halten — wenn überhaupt — nur Ressourcen für spezifische kommunikative Aufgaben unterhalb der Ebene des strategischen Kommunikationsmanagements bereit. Als wesentlich für den Siegeszug dieses Modells erweisen sich die im Vergleich zu einer Aufgliederung der kommunikativen Verantwortung höhere Effizienz und Effektivität.[4]

Um wirklich sicherzustellen, dass die Bedürfnisse interner Kunden der Kommunikationsabteilung auch bei einer integrierten Aufstellung angemessen Berücksichtigung finden, können Key Account-Manager auf der Ebene der funktionalen Abteilungsleiter innerhalb der Unternehmenskommunikation für kontinuierlichen Abgleich zwischen der strategischen Kommunikationsarbeit entlang des verabschiedeten Plans und dem alltäglichen Kommunikationsbedarf des Geschäfts sorgen. Dieser Austausch erleichtert auch die erforderliche Anpassung der strategischen Planung im Fall zuvor nicht bekannter oder neu zu bewertender Ereignisse und Entwicklungen.

Managementmethoden für die Postmoderne

Dieses von Hierarchie und Arbeitsteiligkeit geprägte Organisationsmodell ist bereits in den vergangenen Jahren in vielen Unternehmen um Elemente der funktionsübergreifenden Kooperation und nachfrageorientierten Aufstellung ergänzt worden — insbesondere um neuen kommunikativen Anforderungen der Postmoderne zu begegnen.

So wird zum Beispiel die interne Kommunikation in der Regel nicht mehr nur entlang von Medienformaten — etwa Intranet, Extranet, Printmedien — strukturiert. Es bestehen auch spezifische Verantwortungen für Zielgruppen — wie Produktion und Management — und Geschäftsbereiche, so dass kontinuierliche Kooperation über die Grenzen der eigenen Aufgabe hinweg gleichsam erzwungen wird. Außerdem findet das kontinuierliche News Flow-Management zunehmend seinen Ursprung in integrierten *strategischen Lagebesprechungen*, im Rahmen derer die internen und externen Kommunikationsdisziplinen gemeinsam den analogen und digitalen Informationsfluss evaluieren und entsprechende Maßnahmen ableiten.

Trotzdem zeigen sich — etwa im Rahmen von Feedbackgesprächen oder Mitarbeiterbefragungen — immer wieder Hinweise auf ungenutzte Potenziale in den Bereichen Kooperation und Kreativität nicht nur in Kommunikationsabteilungen, sondern überall dort, wo gemeinsam komplexe Probleme gelöst werden müssen: Personalwesen, Strategie, Forschung & Entwicklung. Hier kann es sich lohnen, das Team mit Prinzipien und Methoden agilen Managements vertraut zu machen und dann im zweiten Schritt — am besten bereits unter Verwendung dieser Methoden — konkrete Maßnahmen einzuleiten.

Agilität als ergänzende Methode

Zur genaueren Identifikation des Handlungsbedarfs bietet sich zum Beispiel ein *BarCamp* unter Beteiligung möglichst vieler Mitarbeiter an. Die Teilnehmer definieren die Agenda selbst, um dann in Workshops zu diskutieren. Wenn man hier den Blick auf Fragen des Miteinanders leitet, dann zeigt sich rasch, dass es insbesondere aus der Sicht der jüngeren Teammitglieder an hierarchieübergreifender Transparenz und Interaktion mangelt und daher nicht alle Kreativitätspotenziale im Team gehoben, Optionsräume bei Handlungsbedarf künstlich verengt und die Motivation zu Eigenverantwortung begrenzt werden. Mit anderen Worten: Eine durchaus erfolgreich auf systematisches Kommunikationsmanagement ausgerichtete arbeitsteilige Organisation begrenzt im Ergebnis immer auch den fruchtbaren Austausch zwischen den Teammitgliedern.

Um diese gegenseitige *Befruchtung* über Funktions- und Generationsgrenzen hinweg erfahrbar zu machen und zugleich nach neuen Formen zukünftiger Zusammenarbeit zu suchen, empfiehlt sich aus dem Arsenal der agilen Managementmethoden *Design Thinking*. Diese auf die Perspektive der Nachfrage — also in diesem Fall den Mitarbeiter — konzentrierte Methode zur Entwicklung von Problemlösungen bietet zugleich die Chance neuer Ansätze zur Aktivierung von Kreativität und Steigerung von Transparenz im Alltagsgeschäft der Kommunikationsfunktion. Die Bandbreite reicht von Anpassungen an der Büro- und IT-Infrastruktur über neue Meeting-, Dialog- und Feedback-Formate bis hin zu innovativer Projektsteuerung.

Ganz konkret lohnt es sich, den regulären Prozess der strategischen Kommunikationsplanung um Design Thinking-Elemente zu ergänzen. Die Teams zur Umsetzung der Initiativen, die zuvor in *FabLabs* bis zur realisierbaren Idee entwickelt wurden, können sich dann auch auf der Basis eigener Interessen und Motivationen im Rahmen einer abschließenden *Messe der Möglichkeiten (Marketplace)* bilden und müssen nicht wie früher zugeordnet werden. Außerdem können bei der Umsetzung der strategischen Projekte agile Methoden wie *Scrum* eingesetzt werden, um den Teams mehr Gestaltungsfreiraum und den nichtbeteiligten Interessierten mehr Transparenz hinsichtlich des Fortgangs zu ermöglichen.

Managementmethoden kombinieren

Diese neue Herangehensweise bedeutet aber nicht die Abkehr von den klassischen Methoden des Managements. Vielmehr kann nur in der Kombination von klassischer Hierarchie und Arbeitsteilung auf der einen und neuen agilen Managementmethoden auf der andern Seite die Komplexität postmoderner Kommunikationsanforderungen umfassend bewältigt werden. Standardisierte Arbeiten mit hohem Präzisionsbedarf benötigen den in einer Hierarchie eingebundenen Experten. Der hohe Arbeitsaufwand bei vergleichsweise geringer Komplexität unter den Bedingungen von Ressourcenknappheit wird auch weiterhin am besten in horizontaler Kooperation bewältigt.

In der Praxis des Kommunikationsmanagements sind diese klassischen Erfordernisse klar erkennbar. Alle Gewerke der externen Kommunikation, die den Aufbau spezifischen Know-hows und die kontinuierliche Beziehungspflege mit sich bringen, erfordern in komplexen Organisationen Hierarchie und Arbeitsteilung. Insbesondere wenn außergewöhnliche Vorkommnisse kurzfristige Abstimmungen und finale Entscheidung erzwingen. Hierzu zählt etwa das Feld der Media Relations und hier insbesondere die Krisenkommunikation. Redaktionelle Arbeitsaufgaben wie in der internen Kommunikation oder im Corporate Publishing bzw. Projekte im Bereich neuer digitaler Plattformen bieten sich hingegen dafür an, mehr Eigenverantwortung zu gewähren und über agile Methoden zu steuern. Je höher die Anforderungen an Kreativität und Flexibilität innerhalb der organisatorischen Teileinheit sind, desto weiter entfernen wir uns von der *Taylorschen Werkstatt* und dem *Fordschen Fließband*. Strategiebildung und News Flow-Management sind nur im Netzwerk möglich. Für internes wie externes Stakeholder-Management braucht es einen hohen Grad an Selbstmanagement mit beträchtlicher Fähigkeit und Bereitschaft zur Eigenverantwortung — auch und gerade in Situationen mit großer Unsicherheit.

Von der Werkstatt zum Organismus

Im Ergebnis vereinen sich vertikale Hierarchie, horizontale Kooperation in Arbeitsteilung, horizontale Kooperation auf der Grundlage individueller Zielsetzungen und diagonales Selbstmanagement mit starken Bezügen zum agilen Management zu einem neuen Organisationsmodell für die postmoderne Kommunikationsabteilung. Der *Organismus* löst hier das *Netzwerk* als Modell ab.

So wie in einem hoch entwickelten Organismus kontinuierlich und größtenteils unbewusst arbeitsteilige Prozesse — wie etwa im Rahmen des vegetativen Nervensystems — ablaufen, um die Grundfunktionen der Existenzerhaltung sicherzustellen, während das Gehirn Optionen der Zukunftsbewältigung abwägt, so wirken im idealtypischen postmodernen Kommunikationsmanagement klassische und agile Methoden zusammen, um bekannte und neue, einfache und komplexe, kurzfristige und dauerhafte Herausforderungen gleichermaßen zu bewältigen.

4 Führungskultur — Sinn + Selbstreflexion = Leadership

Kommunikation und Führung stehen in einem interessanten Wechselverhältnis. Erfolgreiche Manager sind in der Regel auch gute Kommunikatoren. Und gelungene Unternehmenskommunikation geht immer Hand in Hand mit effektivem Management. Wenn Organisationen ihre Ziele nicht erreichen, dann liegt das oft an einer „Lehmschicht" im Mittelmanagement, die Kommunikation nicht durchdringt. Wenn man dann Vermittlungsprobleme konstatiert und zugleich die Verantwortung an die Kommunikationsabteilung weiterreicht, klebt man nur ein Pflaster auf das eigentliche Problem. Tatsächlich ist es Aufgabe des Managements, Führungsimpulse so zu setzen, dass sie auch beim Mitarbeiter ankommen. Hier steigen die Anforderungen der jüngeren Mitarbeitergenerationen in Bezug auf Sinnstiftung und Wertebezug permanent. Wir brauchen also Antworten auf die Frage: Wie kann Führung Sinnorientierung vermitteln, damit Menschen in ihrer Arbeit nicht nur materielle, sondern auch ideelle Erfüllung finden.

Führung in der Kommunikation

Was früher reaktiv-sporadische Öffentlichkeitsarbeit war und vor allem akuten Bedürfnissen folgte, ist heute eine langfristig ausgerichtete Managementaufgabe mit definiertem Ressourceneinsatz und strategischen Zielen. Für jede Organisation bedeutet das Führungsbedarf. Dabei gilt, dass die Zeiten der allein hierarchischen Führung vorbei sind. Heute ist vor allem Empathie gefordert, um die Motivationen und Fähigkeiten der Mitarbeiter zu erkennen und sie dann dort einzusetzen, wo sie ihren Beitrag bestmöglich leisten können. Handelte die Führungskraft früher vor allem kopfgesteuert, gilt es heute, mit Kopf, Herz und Bauch gleichermaßen zu agieren. Emotionale Aspekte spielen insgesamt eine wichtigere Rolle als im klassischen Führungsverständnis.

Nicht zuletzt leitende Kommunikationsverantwortliche brauchen Vertrauen und eine lange Leine. Nur wenn sie in die Entscheidungen der großen Linie unmittelbar eingebunden sind, können sie ihre Beiträge in Bezug auf die glaubhafte Vermittlung von Themen nach innen und außen in vollem Umfang leisten. Es hilft nicht, wenn sie gleichsam *ans Ende des Fließbands* gesetzt werden, um kommunikativ zu reparieren, was zuvor hinsichtlich seiner Vermittelbarkeit nicht ausreichend bedacht worden war.

Kommunikatoren können sich nur dann voll entfalten, wenn sie auch – natürlich kalkulierbare – Risiken eingehen dürfen. Wenn sie diesen Freiraum nicht haben, sondern permanent damit beschäftigt sind, nichts falsch zu machen, werden sie auch nie etwas richtig machen. Dies ist auch der beste Weg, um als Führungskraft im Kommunikationsteam zu agieren: unterstützen, Ratschlag geben, Rückendeckung gewähren und sich dabei von der Zielstellung lösen, jegliches Scheitern verhindern zu können. Nur so lassen sich Kreativität, Begeisterung und Leistungsfähigkeit dauerhaft erhalten.

Die Art, wie geführt wird und was Menschen von Führung erwarten, ändert sich im postmodernen Umfeld fundamental. Die Management-Methode *Tu dies, mach das* funktioniert nicht mehr. Wer führen will, muss der Generation X genauso wie der Generation Y nicht nur erklären, *was* sie tun soll, sondern auch *warum* und sie so richtig einstellen und motivieren.

In einem solchen Führungsumfeld wird der Chef zum Indikator für das *Büroklima*. Wenn seine Miene am Morgen sorgenvoll ist, regnet es gleichsam für alle. Wenn er gute Stimmung verbreitet, scheint die Sonne für das Team. Für den leitenden Kommunikator gilt dies umso mehr, als er Lage und Agenda des Unternehmens nach innen und außen vermitteln muss. Auch im Angesicht von Herausforderungen muss er konstruktiv agieren und positive Signale senden.

Erfolgreiche Kommunikation braucht Diversität

Natürlich müssen in einem leistungsfähigen Kommunikationsteam alle wesentlichen Teammitglieder wirkliche Virtuosen in ihrem Bereich sein. Darüber hinaus braucht das Team aber auch sehr unterschiedliche menschliche Fähigkeiten.

Für weltweit agierende Unternehmen ist dabei Internationalität sehr wichtig. Globale Meinungsströme und Kulturgegebenheiten können durch die Präsenz verschiedener Kulturen, Religionen und Herkünfte besser erfasst und beurteilt werden. Zudem besteht hoher Bedarf an Empathie, um das Unternehmen kommunikativ durch komplexe Umweltbedingungen zu steuern. Kommunikatoren, die überzeugend und vermittelnd agieren, bilden heute die Mehrzahl. Aber Kommunikatoren, die gut zuhören können und Stille nicht nur ertragen, sondern auch gezielt einsetzen, sind ebenso wichtig. Außerdem braucht es Diversität, verschiedene Geschlechter, sexuelle Orientierungen, Persönlichkeitstypen, Menschen, die analytisch stark sind, aber auch solche, die mit *dem Herzen denken* können.

Kommunikatoren müssen Führung beherrschen. Sie müssen aber auch lernen, sich führen zu lassen. Das gesamtverantwortliche Management hat durchaus Interesse am gezielten Kommunikationsmanagement, aber Kommunikatoren versäumen oft, ihren Beitrag angemessen zu vermitteln und erwecken gelegentlich den Eindruck, eher Kommunikationsverhinderer zu sein. So sollte Unternehmenskommunikation den gesellschaftlichen Leistungsbeitrag eines Unternehmens überzeugend erfassen und vermitteln können, um wirklich Widerhall zu finden. Hier gibt es noch Nachholbedarf. Kommunikatoren müssen sich entscheiden, ob sie nur getroffene Entscheidungen vermitteln oder eigenständigen unternehmerischen Mehrwert wie etwa Meinungsführerschaft anstreben wollen – und dann entsprechend agieren. Dazu gehört auch, das rein kommunikative Kalkül mit den Prinzipien unternehmerischen Handelns regelmäßig abzugleichen.

Führen – sich selbst und andere

Dieses gelegentliche Spannungsverhältnis zwischen den Zielen des Unternehmens und den Erfordernissen gelungener Kommunikation ist keine negative Begleiterscheinung des Berufsbilds Unternehmenskommunikation. Es gehört im Kern zur Aufgabenbeschreibung des Kommunikationsmanagers. Dabei kann es nicht darum gehen, nur den eigenen Neigungen und Instinkten zu folgen. Man muss auch das für das Unternehmen Richtige tun. Die Spielräume für eine gelungene Balance waren hier früher deutlich begrenzter, weil rein hierarchisch und ergebnisorientiert geführt wurde. Heute wird nachdrücklich der eigenständige Einsatz von rationalen und emotionalen Ressourcen jedes Mitarbeiters eingefordert.

Damit sind die Chancen zur Selbstverwirklichung zwar deutlich gestiegen, aber gleichzeitig muss man dabei auch die Erwartungen des einzelnen Teammitglieds berücksichtigen, die sich je nach Alter deutlich unterscheiden: Die Generation X wurde geprägt von Zukunftsunsicherheit und gleichzeitiger Leistungsorientierung, weil sie beruflich in Zeiten des Systemwettbewerbs und des Kalten Krieges groß wurde. Es gab klare Fronten, schwarz oder weiß, richtig oder falsch. Die Generation Y wurde sozialisiert in Zeiten von Globalisierung und Digitalisierung. Die Chancenvielfalt führte zu einer großen Unübersichtlichkeit, und so wurden Sinnfragen wichtig. Sie fordert Raum für Selbstverwirklichung, den sie selbst gestalten kann. Die Vertreter der nächsten Generation Z sind als *Digital Natives* in Netzwerken groß geworden. Sie haben erlebt, welche Rolle mediale Präsenz spielt und wie wirkmächtig sie sein kann, um wirtschaftliche oder politische Ziele zu erreichen. Diese Generation peilt Anerkennung und Einfluss an und ist mit starkem Willen zur Veränderung der bestehenden Verhältnisse ausgestattet. Was alle vereint: Sie müssen zuallererst Selbstführung lernen.

Ein wesentliches Element der Selbstführung besteht im Aufbau von *Resilienz* angesichts hoher beruflicher Anforderungen in einem von kurzfristigen Veränderungen geprägten Umfeld. Ein Workaholic hat im postmodernen Umfeld beste Chancen für einen körperlichen und seelischen Zusammenbruch. Wenn man nach dem Arbeitstag — nicht zu spät — das Büro verlässt, muss man abschalten können. Im Kommunikationsteam kann man Schutzsysteme aufbauen, die für Entlastung sorgen, in dem Kollegen wechselseitig auf den *News Flow* achten und bei Bedarf Alarm schlagen. Wer die *Ent-Spannung* seiner Mitarbeiter nicht zulässt, wird sie auf Dauer nicht leistungsfähig erhalten können, auch wenn sie zuvor Spitzenleistungen gezeigt haben.

Jeder muss für sich selbst entscheiden, an welchen Stellschrauben seines Berufs- und Privatlebens er drehen will, um den gestiegenen Anforderungen dauerhaft gewachsen zu sein. Zu Resilienz durch Selbstführung tragen aber sicher regelmäßiger Sport, bewusste Ernährung und Zurückhaltung bei Nikotin und Alkohol bei. Für den unerlässlichen geistigen Reinigungsprozess sollte man sich regelmäßig auch mit Dingen beschäftigen, mit denen man nicht sein Geld verdient. Sehr hilfreich kann dabei auch die Erdung in Familie und engerem Freundeskreis sein. Wer gelegentlich den *Chef in sich* mit nach Hause bringt, erfährt von Partner oder Nachwuchs rasch, dass er in den eigenen vier Wänden auch nur das gleiche Stimmrecht hat wie alle anderen. Wer dann noch das Glück hat, am Wohnort regelmäßig einen geografischen Kontrast (z. B. Land versus Stadt) zur Geschäfts- und Medienwelt zu erleben, der hat gute Chancen im Berufsalltag zu bestehen.

Der postmoderne Leader – ein Idealtypus

Ob Führung gelingt, empfinden die Geführten ganz subjektiv, und man kann nie alle Anforderungen sämtlicher Teammitglieder erfüllen. Insofern sind Führungsaufgaben — auch und gerade in Kommunikationsteams mit ihren in der Regel besonderen Gemengelagen von Persönlichkeiten und Charakteren — oft auch mit Elementen des Scheiterns verbunden.

Dennoch sollte man ein Idealbild vor Augen haben: Ein leitender Kommunikator, der sein Team unterfordert oder — noch schlimmer — seinem Team nicht gewachsen ist (fachlich oder menschlich), steht der eigenen Truppe nur im Weg. Ein leitender Kommunikator, der davon beseelt ist, sein Team ausschließlich auf seine Arbeitsweise einzuschwören und von sich lernen zu lassen, wird das Potenzial seiner anvertrauten Kolleginnen und Kollegen nie ganz ausschöpfen, weil er selbst der begrenzende Faktor ist. Das Team kann bestenfalls so gut sein wie er selbst und das genügt in der postmodernen Unübersichtlichkeit nicht mehr. Nur ein Kommunikator, der dem Team hilft, besser zu sein als die Summe seiner Teile (und auch besser als er selbst), entspricht dem Idealtypus eines postmodernen Leaders.

Ausblick

Die im Vorwort zu diesem Buch beschriebene neue Gewichtung von materiellen und immateriellen Vermögenswerten bei der Bewertung eines Unternehmens hat nicht nur die grundsätzliche Bedeutung der Reputation und des Beziehungskapitals eines Unternehmens — und damit seine kommunikative Performanz — in den Vordergrund rücken lassen. Auch die Maßstäbe für die Bewertung der Leistung des Managements sind in Folge dieser Entwicklung in Bewegung geraten.

Bis ins letzte Jahrzehnt des 20. Jahrhunderts war die Leistung eines Managers, wie sie sich in Gewinn, Aktienkurs, angemeldeten Patenten oder geschaffenen Arbeitsplätzen ausdrückt, entscheidend für sein Ansehen in der Öffentlichkeit und damit auch bei wesentlichen Anspruchsgruppen seines Unternehmens. Wie eine Studie des Beratungsunternehmens Roland Berger aus dem Jahr 2015 zum Ende von Managerkarrieren belegt, hat sich diese Logik gründlich geändert. Die Analyse kommt zu dem Ergebnis, dass „Manager heute zu über 70 Prozent an Problemen mit der Wahrnehmung ihrer Arbeit und ihrer Persönlichkeit scheitern"[1]. Es ist kaum anzunehmen, dass sich dieser Trend umgekehrt hat.

Die Implikationen einer solchen Entwicklung sind gut verstanden worden. Kein Spitzenmanager ignoriert heute mehr wissentlich die Bedeutung kommunikativer Zusammenhänge für die positive Entwicklung seines Unternehmens und schon gar nicht für die eigene Karriere. Entsprechend konsequent wurde der Aufbau professioneller Kompetenzen in den Kommunikationsabteilungen der Unternehmen betrieben, und parallel hat sich auch das marktgängige Beratungsangebot beständig vergrößert. Doch bei allem Ringen um höhere Authentizität, größere Nähe zu Mitarbeitern und Kunden, tieferes Verständnis für die Interessen der Stakeholder: Die Distanz zwischen Wirtschaft und Gesellschaft scheint eher zu wachsen als zu schrumpfen.

Zieht man ganz persönliche Verfehlungen — die überall vorkommen, wo Menschen agieren —, individuelle Fehlentscheidungen in der Sache und die neuen Komplexitäten der digitalen Kommunikationswelt ab, dann bleiben als Grund für das sich vergrößernde Missverständnis zwischen

Wertschöpfung und *Werthaltung* vor allem die gestiegenen Erwartungen der Menschen. So wie Unternehmen mit der Herausforderung kontinuierlichen Wachstums als Voraussetzung langfristigen Erfolgs leben müssen, so werden sie sich mit der immer grundlegenderen Infragestellung ihres gesellschaftlichen Nutzens auseinandersetzen müssen. Was hier gestern noch ausreichend war, wird morgen als defizitär empfunden.

Wer sich als Manager erfolgreich dieser Herausforderung stellen will, muss sie zunächst einmal als genuinen Bestandteil seiner Aufgabe begreifen. Der Umgang mit berechtigten — und gelegentlich subjektiv auch als unberechtigt wahrgenommenen — gesellschaftlichen Erwartungen bis hin zur offenen Kritik ist nicht unangenehme Randbedingung seiner Aufgabe, sondern bildet ihren Kern. Die Marktfrau, die ihr Gemüse am Stand feilbietet, wusste das schon immer und lernte damit umzugehen — nicht zuletzt mit offener Kommunikation und selbstbewusstem Auftritt zwischen Angriff und Verteidigung. Und immer mit dem Wissen, dass sich Erfolg nur aus der langfristigen Perspektive bemessen lässt und sich ein schlechter Ruf auf dem Markt sehr schnell herumspricht.

Im Zeitalter der vierten industriellen Revolution, die Menschen und Maschine auf nie dagewesene Weise dauerhaft miteinander verknüpfen wird, sehen wir uns alle in die Logik des Marktplatzes zurückversetzt. Vor 25 Jahren machte ein Cartoon aus dem US-Magazin *New Yorker* die Runde, der zwei Hunde am Computer zeigte, von denen einer dem anderen erläuterte, im Internet wisse niemand, ob man ein Hund sei.[2] Heute wissen wir, dass die *Diagnose auf vier Pfoten* falsch war. Menschen (und auch schon Maschinen) machen sich heute nicht zuletzt aufgrund digitaler Kommunikationsmöglichkeiten ein Bild von wirtschaftlichen Eliten, das sicher oft verzerrt ist, aber oft auch unangenehme Wahrheiten beinhaltet. *Schlafende Hunde* — um im Bild zu bleiben — braucht man daher gar nicht mehr erst durch zu mutige Kommunikation zu wecken. Sie sind immer schon wach. Man muss nur genau hinhören bzw. hinsehen.

Was bedeutet all dies für den Kommunikationsmanager? Muss er nicht angesichts der Komplexität seiner Aufgabe unter den beschriebenen neuen Bedingungen verzweifeln? Hilft letztlich nur die Flucht in die Arme der allmächtigen Maschine, die alle (PR-)Probleme in möglichst kleine Teilherausforderungen zerlegt und dann per Algorithmus bearbeitet? Weder noch. PR bleibt eine Aufgabe von Menschen für Menschen, deren Digitalisierungsgrad angesichts der vielen nicht-deterministischen Variablen in ihren Abläufen unwiderruflich begrenzt bleiben wird — zumindest solange nicht auch die Medien von Maschinen gemacht werden. Unabwendbar ist aber auch, dass die Anforderungen an das Kommunikationsmanagement weiter wachsen werden.

Um diesen gerecht zu werden, muss der PR-Manager immer Grenzgänger sein — zwischen Zahlen und Menschen, zwischen Theorie und Praxis, zwischen Innen und Außen.[3] Die Besonderheit seiner Aufgabe besteht darin, dass sich sein Werkstück während der Bearbeitung gleichsam kontinuierlich weiterentwickelt. Sei es im großen Maßstab des gesellschaftlichen Wertewandels oder im kleinen Maßstab der dynamischen Nachrichtenlage. Diese Erkenntnis sollte ihn vor allem eines lehren: Demut. Und den Mut, gelegentlich auf komplexe, datenbasierte Analysen zu verzichten und sich einfach seines gesunden Menschenverstands und immer wieder auch der eigenen Herzensbildung zu bedienen. Wer schon einmal bei Nachbarn klingeln musste, weil der eigene Nachwuchs mit dem Fußball zum zweiten Mal die Scheibe eingeschossen hat, weiß fast alles über die wesentlichen Elemente erfolgreicher Krisenkommunikation.

Anmerkungen

Anmerkungen zum Vorwort

1 Ocean Tomo Annual Study of Intangible Assets https://www.oceantomo.com/intangible-asset-market-value-study/, zugegriffen: 7. April 2019

2 Burning Glass Technologies Study, The Human Factor https://www.burning-glass.com/wp-content/uploads/Human_Factor_Baseline_Skills_FINAL.pdf+&cd=1&hl=de&ct=clnk&gl=de

Anmerkungen zu Kapitel I

1 https://www.newsroom.de/news/aktuelle-meldungen/die-parasiten-vom-dienst-835157/, zugegriffen: 20. April 2019

2 Weischenberg, Scholl, Malik 2006

3 http://www.deutschlandfunkkultur.de/manipulation-statt-information-sind-wir-auf-dem-weg-zur-pr.976.de.html?dram:article_id=309417, zugegriffen: 20. April 2019

4 Habermas 1996, 289. Habermas hat seine Thesen später relativiert und die Notwendigkeit von Öffentlichkeitsarbeit für Organisationen der Gesellschaft akzeptiert

5 http://www.netzwerk-medienethik.de/jahrestagung/tagung2016/, zugegriffen: 20. April 2019

6 Popper 1992

7 Ebd. Bd. 1, 9

8 http://webcache.googleusercontent.com/search?q=cache:AtY_eu8hAbwJ:www.akademischegesellschaft.com/veranstaltungen/hermes_dinner.html+&cd=1&hl=de&ct=clnk&gl=de, zugegriffen: 20. April 2019

9 Vgl. Lyotard 2012

10 Vgl. ebd., 23 ff.

11 Phillips 2015, 53

12 Für eine geraffte Darstellung der Theorien des Sozialkapitals: Vgl. Tomic 2011

13 Szyszka 2017, 10

14 http://www.dokeo.de/d/dokeo-nx-2-15-09-30.pdf?utm_source=newsletter&utm_medium=email&utm_campaign=dokeo+nx+2015-09-30, zugegriffen: 20. April 2019

15 https://www.holmesreport.com/latest/article/pr-and-csr-symbiotic-inseparable-and-synonymous, zugegriffen: 20. April 2019

16 Vgl. Keynes 1904, 31 ff.

17 Vgl. Snow 1998

18 Franzen 2014, 14

19 Leonhard 2016, 23

20 Pirsig 2015, 358

21 Tench, Verčič, Zerfass et al. 2017, 141
22 https://pr-journal.de/redaktion-aktuell/branche/6408-avenarius, zugegriffen: 20. April 2019
23 http://drpr-online.de/kodizes-2/komm-kodex, zugegriffen: 20. April 2019
24 https://awpagesociety.com/site/the-page-principles, zugegriffen: 20. April 2019
25 Vgl. Tolkien 2012, 154 ff., Buckley 1994
26 Vgl. Adorno 1969, 42
27 Vgl. Graeber 2018
28 Vgl. Ebd.
29 FAS, 25. September 2018, https://blogs.faz.net/fazit/2018/09/25/diese-arbeit-braucht-kein-mensch-10303/,, zugegriffen am 20. April 2019
30 F.A.Z., 15. Oktober 2018, 6
31 Vgl. Debord 1996
32 Vgl. Türcke 2002
33 Kleist 1988, 36

Anmerkungen zu Kapitel II

1 Kuhn 1981, 123
2 Bernays 1952
3 Page 1932
4 Vgl. Kuhn 1981, 37 ff.
5 Ebd., 65
6 Ebd.
7 Ebd., 80
8 Zerfaß, Bentele, Schwalbach et.al. 2013
9 https://www.brainyquote.com/quotes/george_bernard_shaw_385438
10 Weber 1988, 549
11 Rheinische Post, 24. September 2016
12 Washington Post, 4. März 2016
13 Edelman Trust Barometer 2016, https://www.edelman.com/research/2016-edelman-trust-barometer
14 Reputation Institute, Reputation Leaders Study 2016. https://www.reputationinstitute.com/reputation-leaders-study-2016
15 Vgl. Pariser 2011; Morozow 2013
16 Vgl. Platon 2017, Buch 7
17 Vgl. Mast 2016, 8, 12
18 Dozier 2016, 13
19 Kuhn 1981, 25
20 Ebd., 104
21 Preusse 2016, 551
22 https://www.jimcarrollsblog.com/blog/2017/4/26/are-you-solving-a-problem-or-managing-a-dilemma Zugegriffen am 20. April 2019
23 https://speakingaboutpresenting.com/albert-mehrabian-nonverbal-communication/, zugegriffen am 20. April 2019
24 https://www.rhetorikmagazin.de/?p=121, zugegriffen am 20. April 2019

25 Röpke 1979
26 Valery 1987, 424
27 Mann 1986, 813
28 Rothenberger 2018, 80

Anmerkungen zu Kapitel III

1 Crovitz 2008
2 Floridi 2015
3 https://www.removed.social/series, zugegriffen am 20. April 2019
4 Hammersley 2015
5 Vgl. Frey & Osborne 2013
6 Schlinkert & Raffelhüschen 2015, 108 f.
7 Vgl. Röttger & Stahl 2015
8 Vgl. Deekeling & Arndt 2006; Hiesserich & Weidenfeld 2005; Oltmanns & Brunowsky 2009
9 https://www.pressesprecher.com/nachrichten/ueber-diese-chefs-wurde-am-haeufigsten-berichtet-1368391820
10 Vgl. Albert & Hsu 2014, 37f. https://papers.ssrn.com/sol3/papers.cfm?abstract_id=2357756, zugegriffen am 20. April 2019
11 Wittgenstein 1921, 1963, 115
12 Vgl. Goleman 1996; Rifkin 2010
13 Vgl. Klein-Bölting & Klewes 2010
14 Levine, Locke, Searls et.al. 2000
15 Macnamara 2016, 264f.
16 Sartre 1967, 503
17 https://agilemanifesto.org/, zugegriffen am 20. April 2019
18 Mau 2017
19 Dotlich, Cairo, Rhinesmith 2009
20 Vgl. Kahneman 2011
21 Vgl. Barrett 2012
22 https://beruhmte-zitate.de/autoren/miles-davis/, zugegriffen am 20. April 2019
23 https://www.brainyquote.com/quotes/charlie_parker_400574, zugegriffen am 20. April 2019

Anmerkungen zu Kapitel IV

1 Vgl. Kondratjew 1926
2 Vgl. Nefiodow 2007
3 Vgl. Rifkin 2011, 46
4 Vgl. Drucker 1954; Vahs 2009
5 Bernays 1952, 157 ff.
6 Griese 2001, 135
7 Vgl. Griese 2001, 153
8 Vgl. Zerfass, Verhoeven, Tench 2016, 19 ff.
9 Lindstrom 2016

10 Vgl. Øyvind & Verhoeven 2009

11 v. Hayek 1972, 25

12 https://www.dasmagazin.ch/2016/12/03/ich-habe-nur-gezeigt-dass-es-die-bombe-gibt/, zugegriffen am 10. Dezember 2019

13 Vgl. Lippmann 1922

14 http://drpr-online.de/dokumentation/pm/, zugegriffen am 10. Dezember 2018

15 https://www.newsroom.de/news/aktuelle-meldungen/leute-6/bdt-der-grosse-fra-gesteller-ex-zdf-chefredakteur-bresser-wird-80-von-doreen-fiedler-dpa-85327/, zugegriffen am 14. Dezember 2018

16 Bergsdorf 1980

17 Zedtwitz-Arnim 1961

18 Krüger 2013; Ulfkotte 2014

19 Haagerup 2015

20 Ivory 1993

21 Vgl. Rosa 2016, 185 ff.

22 https://www.bbc.com/news/world-us-canada-16918787, zugegriffen am 14. Dezember 2018

23 Glaser 1996, 19

24 F.A.Z., 23. Januar 2018, D1

25 Vgl. Vosoughi, Roy, Aral 2018

26 Goldin & Kutarna 2016; Pinker 2018

27 Frankfurter Allgemeine Sonntagszeitung, 14. Januar 2018, 31

28 Vgl. Deneen 2018, 1-20

29 Vgl. Friedmann 2005

30 Winkler 2014, 14

31 Vgl. Lazarsfeld, Berelsen, Gaudet 1944

32 Vgl. Lippman 1922

33 Vgl. Grunig & Grunig 2003

34 https://www.communication-director.com/issues/get-global-conversation/way-zhong-dao#.XBOXqxHsaUk, zugegriffen am 14. Dezember 2018

Anmerkungen zu Kapitel V

1 Schwaiger, Eberhardt, Mahr 2015, 1-20

2 In der sozialtherapeutischen Behandlung traumatisierter Menschen wird die bewusste Herstellung emotionaler und auch körperlicher Nähe zwischen Menschen — das sogenannte Bonding — eingesetzt, um Gefühlsblockaden zu lösen und den persönlichen Emotionshaushalt des Patienten zu balancieren

3 Eberhard, Schwaiger 2017

4 Vgl. Zerfaß, Ehrhart, Lautenbach 2014; Klewes & Zerfaß 2011

Anmerkungen zum Ausblick

1 https://www.rolandberger.com/de/Media/Perception-beats-Performance-Pro-zentE2 Prozent80 Prozent93-woran-Manager-scheitern.html, zugegriffen am 22. April 2019

2 https://en.wikipedia.org/wiki/On_the_Internet,_nobody_knows_youProzent 27re_a_dog, zugegriffen am 22. April 2019

3 Vgl. Grunig & Hunt 1984. James Grunig spricht im Kapitel „The Concept of Public Relations" in diesem Zusammenhang von der „boundary role" der Kommunikationsmanager, die er dann auch konsequent als „boundary personal" klassifiziert

Literatur

Adorno, Th.W. (1969). *Minima Moralia*. Frankfurt a. M.: Suhrkamp.
Anand, B. (2016). *The Content Trap*. New York: Random House.
Arendt, H. (1991). *Elemente und Ursprünge totaler Herrschaft*. München: Piper.
Arendt, H. (2015). *Vita activa*. 15. Auflage. München: Piper.
Arthur W. Page Society (2007). *The Authentic Enterprise. An Arthur Page Society Report*. https://page.org/thought-leadership/authentic-enterprise-report Zugegriffen: 20. April 2019.

Barrett, F. (2012). *Yes to the Mess*. Boston: Harvard Business Review Press.
Barthes, R. (1964). *Mythen des Alltags*. Frankfurt a.M.: edition suhrkamp.
Beiler, M. & Bigl, B. (2016) (Hrsg.). *100 Jahre Kommunikationswissenschaft in Deutschland*. München, Koblenz: UVK Verlagsgesellschaft.
Bell, D. (1975). *Die nachindustrielle Gesellschaft*. Frankfurt a.M.: Campus Verlag.
Benjamin, W. (2013). *Das Kunstwerk im Zeitalter seiner technischen Reproduzierbarkeit*. 3. Auflage. Berlin: Suhrkamp Verlag.
Bentele, G. (2008). Intereffikationsmodell. In: G. Bentele, R. Fröhlich, P. Szyska (Hrsg.), *Handbuch der Public Relations*, S. 209-222. 2. Auflage. Wiesbaden: VS Verlag.
Bergsdorf, W. (1980). *Die vierte Gewalt*. Mainz: Hase & Koehler.
Bernays, E. (1952). *Public Relations*. Norman: University of Oklahoma Press.
Bolten, J. (2018). *Einführung in die Interkulturelle Wirtschaftskommunikation*. 3. Auflage. Göttingen: Vandenhoeck & Ruprecht.
Bradley, A. & McDonald, M. (2011). *The Social Organization*. Boston: Harvard Business Review Press.
Brynjolfsson, E. & McAfee, A. (2016). *The Second Machine Age*. London: Norton.
Buckley, C. (1994). *Thank you for Smoking*. New York: Random House.
Burkhardt, S. (2006) (Hrsg.). *Medienskandale*. Köln: Herbert von Halem Verlag.

Camus, A. (1959). *Der Mythos von Sisyphos*. Hamburg: Rowohlt.
Carroll, C. (2011) (Hrsg.). *Corporate Reputation and the News Media*. New York, London: Routledge.
Christensen, C. (2012). *How will you measure your life?* London: HarperCollins.
Clarke, A.C. (1987). *2019-07-20. Ein Tag im 21. Jahrhundert*. Berlin: Ullstein.
Coleman, J.S. (1995). *Grundlagen der Sozialtheorie. Band 1. Handlungen und Handlungssysteme*. 2. Auflage. München: Oldenbourg Wissenschaftsverlag.
Collins, J. (2001). *From Good to Great*. New York: HarperCollins.
Connolly, M. & Rianoshek, R. (2002). *The Communication Catalyst*. Chicago: Kaplan Publishing.
Coupland, D. (1991). *Generation X*. Hamburg: Galgenberg Verlag.
Crovitz, G. (2008). *Optimism and the Digital World*. In: Wall Street Journal, 21. April 2008. http://www.wsj.com/articles/SB120873501564529841, zugegriffen am 20. April 2019.
Curtin, P. & Gaither, K. (2007). *International Public Relations*. London: Sage.

Davis, M. (2011). *Miles.* New York: Simon & Schuster.

Debord, G. (1996). *Die Gesellschaft des Spektakels.* Berlin: Edition Tiamat.

Deekeling, E. & Arndt, O. (2006). *CEO-Kommunikation. Strategien für Spitzenmanager.* Frankfurt a.M.: Campus Verlag.

Deekeling, E. & Barghop, D. (2017) (Hrsg.). *Kommunikation in der digitalen Transformation.* Wiesbaden: Springer Gabler.

Deneen, P. (2018). *Why Liberalism Failed.* New Haven & London: Yale University Press.

De Pree, M. (2008). *Leadership Jazz.* New York: Bantam, Doubleday, Dell.

Deutsch, K. (1973). *Politische Kybernetik.* 3. Auflage. Freiburg: Rombach Verlag.

DeVito, C. (2012). *Coltrane on Coltrane.* Chicago: Chicago Review Press.

Dick, P.K. (1968). *Do Androids Dream of Electric Sheep?* Garden City: Doubleday.

Dottlich, D., Cairo, P., Rhinesmith, S. (2009). *Head, Heart & Guts.* Wiley & Sons: San Franisco.

Dozier, D. (2016). *What's Wrong With Public Relations… And How It Might be Fixed.* Refereed paper presented to the 19th. Annual International Public Relations Research Conference, March 2-6, 2016, Miami Florida.

Drucker, P. (1954). *The Practice of Management.* New York: Harper & Row.

Eberhardt, J. & Schwaiger, M. (2017). Managing corporate reputation: The impact of mass media news about corporate attributes on public opinion. In: *Proceedings of the 2017 Winter AMA Conference,* Orlando, USA.

Edelmann Trust Barometer (2016). *Annual Global Opinion Leaders Study.* https://www.edelman.com/research/2016-edelman-trust-barometer Zugegriffen am 20. April 2019.

Ehrhart, C. (2007). *Against Corporate Navel-Gazing.* In: Communication Director 4/07, S. 30-33.

Ehrhart, C. (2014). Internationale Unternehmenskommunikation. In: A. Zerfaß & M. Piwinger (Hrsg.), *Handbuch Unternehmenskommunikation,* S. 1333-1347. 2. Auflage. Wiesbaden: Springer Fachmedien.

Ehrhart, C. (2016). Kommunikationssteuerung in der Postmoderne. In. L. Rolke & J. Sass (Hrsg.), *Kommunikationssteuerung. Wie Unternehmenskommunikation in der digitalen Gesellschaft ihre Ziele erreicht,* S. 81-91. Berlin: De Gryuter Oldenbourg.

Ehrhart, C. (2017). Unternehmenskommunikation in der (digitalen) Postmoderne: Alles auf neu? In: E. Deekeling & D. Barghop (Hrsg.), *Kommunikation in der digitalen Transformation,* S. 34-45. Wiesbaden: Springer Gabler.

Feyerabend, P. (1986). *Wider den Methodenzwang.* 11. Auflage. Frankfurt a.M.: Suhrkamp.

Floridi, L. (2015). *Die 4. Revolution.* Frankfurt a.M.: Suhrkamp.

Flusser, V. (1998). *Kommunikologie.* Frankfurt a.M.: Fischer.

Franzen, J. (2014). *Das Kraus-Projekt.* Hamburg: Rowohlt.

Freeman, R.E. (1984). *Strategic Management. A Stakeholder Approach.* Boston: Pitman Publishing.

Freitag, A. & Stokes, A.Q. (2009). *Global Public Relations.* London, New York: Routledge.

Freud, S. (2010) [1930]. *Das Unbehagen in der Kultur.* Stuttgart: Reclam.

Frey, C.B. & Osborne, M. (2013). *The Future of Employment: How susceptible are Jobs to Computerization?* Oxford: Oxford Martin Program on Technology and Employment. Working Paper.

Friedman, T. (2005). *The world is flat. A brief history of the twenty-first century.* New York: Farrar, Straus, Giroux.

Friedman, T. (2016). *Thank you for being late.* New York: Farrar, Straus, Giroux.

Galli Zugaro, E. (2017). *The Listening Leader.* Harlow: Pearson.

Ghemawat, P. & Altmann, S. (2016). *DHL global connectedness index 2016.* Bonn: Deutsche Post DHL Group.

Glaser, P. (1996). *24 Stunden im 21. Jahrhundert.* Köln: Kiepenheuer & Witsch.

Goethe, J.W. v. (2006) [1819]. *West-östlicher Divan.* München: DTV.

Goldin, I. & Kutarna, C. (2016). *Die zweite Renaissance.* München: Münchner Verlagsgruppe.

Goleman, D. (1996). *Emotional Intelligence.* London: Bloomsbury.

Graeber, D. (2018). *Bullshit Jobs.* Stuttgart: J.G. Cotta'sche Buchhandlung.

Grenier, Jean (2015). *Die Inseln.* Freiburg/München: Karl Alber.

Griese, N. (2001). *Arthur W. Page.* Atlanta: Anvil Publishers.

Grunig, J. & Hunt, Todd (1984). *Managing Public Relations.* Wadsworth Inc Fulfillment.

Grunig, L. & Grunig, J. (2003). Public Relations in the United States. In: K. Sriramesh, & D. Verčič (Hrsg.), *The Global Public Relations Handbook: Theory, Research, and Practice,* S. 505-521. Mahwah, NJ: Lawrence Erlbaum Associates.

Haagerup, U.. (2015). *Constructive News.* Salzburg: Verlag Oberauer.

Habermas, J. (1996) [1962]. *Strukturwandel der Öffentlichkeit. Untersuchungen zu einer Kategorie der bürgerlichen Gesellschaft.* 5. Auflage. Frankfurt a.M.: Suhrkamp.

Hammersley, B. (2015). *Vortrag im Rahmen des Delphi Dialog von Deutsche Post DHL Group.* 25. November 2015. mimeo.

Hayek, F.A. v. (1972). *Die Theorie komplexer Phänomene.* Tübingen: J.C.B. Mohr.

Heath, C. & Heath, D. (2007). *Made to Stick.* New York: Random House.

Heidegger, M. (2006) [1927]. *Sein und Zeit.* 19. Auflage. Tübingen: Max Niemeyer.

Heller, J. (1971). *Catch 22.* Frankfurt a. M.: Fischer.

Hesse, H. (1974) [1922]. *Siddharta.* Frankfurt a.M.: Suhrkamp.

Hiesserich, J. & Weidenfeld, U. (2015). *Der CEO im Fokus.* Frankfurt a.M.: Campus.

Hillmann, K.-H. (1986). *Wertwandel.* Darmstadt: Wissenschaftliche Buchgesellschaft.

Hondrich, K.O. (2001). *Der Neue Mensch.* Frankfurt a.M.: Suhrkamp.

Huizinga, J. (1975). *Herbst des Mittelalters.* 11. Auflage. Stuttgart: Alfred Kröner Verlag.

Huntington, S. (1996). *Kampf der Kulturen.* München, Wien: Europa Verlag.

Ihlen, Ø, van Ruler, B, Fredriksson, M. (2009). *Public Relations and Social Theory.* New York: Routledge.

Ivory, U. (1993). *Tue nur so und rede darüber.* Remagen-Rolandseck: Verlag Rommerskirchen.

Jahoda, M., Lazarsfeld, P., Zeisel, H. (1975). *Die Arbeitslosen von Marienthal.* Frankfurt a.M.: Suhrkamp.

Jameson, E. (1958). *Der Zeitungsreporter.* Garmisch-Partenkirchen: Delios.

Jarvis, J. (2014). *Ausgedruckt! Journalismus im 21. Jahrhundert.* Kulmbach: Börsen-Medien.

Kant, I. (1986) [1871]. *Kritik der reinen Vernunft.* Stuttgart: Reclam

Kahneman, D. (2011). *Schnelles Denken, Langsames Denken.* 4. Auflage, München: Siedler Verlag.

Kelley, Tom (2008). *The Ten Faces of Innovation.* Croydon: Bookmarque.

Keuper, F. & Becker J. (Hrsg.) (2013). *Leadership Reputation.* Berlin: Logos Verlag.

Keynes, J.N. (1904). *The Scope and Method of Political Economy.* London: McMillan.

Kleist, H.v. (1988) [1878]. *Über die allmähliche Verfertigung der Gedanken beim Reden.* Köln: infomedia.

Klein-Bölting, U. & Klewes, J. (2010). *Fernseher oder Lautsprecher.* München: Hanser Verlag.

Klewes, J., & Zerfaß, A. (2011). *Strukturen und Prozesse in der Unternehmenskommunikation. Qualitative Studie zu Status und Trends in der Organisation der Kommunikationsfunktion in deutschen Konzernen.* Unveröff. Studienbericht. Düsseldorf: Heinrich-Heine-Universität, Universität Leipzig.

Klewes, J., Popp, D. & Rost-Hein, Manuela (2017): Managing the Digital Transformation: Ten Guidelines for Communications Professionals. In J. Klewes, D. Popp & M. Rost-Hein (Hrsg), *Out-thinking Organizational Communications,* S. 187-195). Berlin: Springer Nature.

Knop, C. (2015). *Gescheiterte Titanen.* Frankfurt a.M.: Frankfurter Allgemeine Buch.

Kondratjew, N.D. (1926). Die langen Wellen der Konjunktur. In: *Archiv für Sozialwissenschaft und Sozialpolitik,* 56, S. 573-609.

Krüger, U. (2013). *Meinungsmacht.* Köln: Herbert von Halem Verlag.

Kucklick, C. (2016*). Die granulare Gesellschaft.* 3. Auflage. Berlin: Ullstein.

Kuhn, T.S. (1981). *Die Struktur wissenschaftlicher Revolutionen.* 5. Auflage. Frankfurt a.M.: Suhrkamp.

Kurzweil, R. (2005). *The Singularity is Near.* New York: Penguin.

Lazarsfeld, P., Berelson, B., Gaudet, H. (1944). *The People's Choice. How the Voter Makes up his Mind in a Presidential Campaign.* New York, London: Columbia University Press.

Leonhard, G. (2016). *Technology vs. Humanity.* Fast Future Publishing.

Levine, F., Locke, C., Searls, D, et al. (2000). *The Cluetrain Manifesto. The End of Business as Usual.* New York: Basic Books.

Lindstrom, M. (2016). *Small Data.* Kulmbach: Börsen Medien.

Lippmann, W. (1922). *Public Opinion.* New York: Macmillan.

Luhmann, N. (1988). *Soziale Systeme. Grundriß einer allgemeinen Theorie.* 2. Auflage. Frankfurt a.M.: Suhrkamp.

Lyotard, J.-F. (2012). *Das postmoderne Wissen.* 7. Auflage. Wien: Passagen Verlag.

Machiavelli, N. (1986) [1532]. *Der Fürst.* Stuttgart: Reclam.

Macnamara, J. (2016). *Organisational Listening.* New York: Peter Lang.

Malik, F. (2016). *Führen. Leisten, Leben.* Frankfurt a.m., New York: Campus Verlag.

McAfee, A. & Brynjolfsson, E. (2017). *Machine Platform Crowd,* New York, London: Norton.

McLuhan, M. (1962). *The Gutenberg Galaxy.* Toronto: University of Toronto Press.

McLuhan, M. & Bruce, P. (1989). *The Global Village.* New York, Oxford: Oxford University Press.

Mann, T. (1986) {1924]. *Der Zauberberg.* Frankfurt a.M.: S. Fischer.

Maslow, A. (2014). *Motivation und Persönlichkeit.* 13. Auflage. Hamburg: Rowohlt.

Mast, C. (2016). *TOPKOM 2016. Themenmanagement in der Unternehmens-kommunikation. Kurzbericht der Ergebnisse,* Stuttgart: Universität Hohenheim.

Mau, S. (2017). *Das metrische Wir. Über die Quantifizierung des Sozialen.* Berlin: Suhrkamp.

Mohn, R. (1986). *Erfolg durch Partnerschaft.* Berlin: Siedler Verlag.

Morozov, E. (2013). *Smarte Neue Welt. Digitale Technik und die Freiheit des Menschen.* München: Karl Blessing.

Nefiodow, L.A. (2007). *Der sechste Kontratieff.* 6. Auflage. Sankt Augustin: Rhein-Sieg-Verlag.

Noelle-Neumann, E. (1984). *Die Schweigespirale.* München: Piper.

Oeckl, A. (1964). *Handbuch der Public Relations.* München: Süddeutscher Verlag.

Oltmanns, T. & Brunowsky, R.-D. (2009). *Manager in der Medienfalle.* Köln: BrunoMedia.

Orwell, George (1976). *Neunzehnhundertvierundachtzig.* 1202 – 1252. Auflage. Frankfurt a.M, Berlin, Wien: Ullstein.

Øyvind, I. & Verhoeven, P. (2009). Conclusions on the Domain, Context, Concepts, Issues and Empirical Avenues of Public Relations. In I. Øyvind, B. van Ruler, M. Fredriksson (Hrsg.), *Public Relations and Social Theory,* S. 323-340). New York: Routledge.

Page, A., De Forest, Arnold, H., Fletscher, H. et al. (1932). *Modern Communication.* Boston, New York: Houghton Mifflin.

Pariser, E. (2011). *The Filter Bubble.* New York: Penguin Books.

Parsons, T. (1971). *The System of Modern Societies.* Englewood Cliffs: Prentice Hall.

Pearson, B. (2013). *Storytizing.* Austin: 1845 Publishing.

Perniola, M. (2005). *Wider die Kommunikation.* Berlin: Merve Verlag.

Phillips, R. (2015). *Trust me, PR is dead.* London: unbound.

Pinker, S. (2018). *Enlightenment Now.* New York: Viking.

Pirsig, R.M. (2015). *Zen und die Kunst ein Motorrad zu warten.* 34. Auflage, Frankfurt a.M.: Fischer.

Platon (2017). *Der Staat.* Ditzingen: Reclam.

Polanyi, K. (2013). *The Great Transormation.* Frankfurt a.M.: Suhrkamp.

Popper, K.R. (1992). *Die offene Gesellschaft und ihre Feinde,* Bd. 1 + 2. 7. Auflage. Tübingen: J.C.B. Mohr (Paul Siebeck).

Postman, N. (1992). *Wir amüsieren uns zu Tode*. Frankfurt a.M.: S. Fischer.

Preusse, J. (2016). *Bausteine systemtheoretischer PR-Theorie*. Köln: Halem.

Reckwitz, A. (2018). *Die Gesellschaft der Singularitäten*. Berlin: Suhrkamp.

Rifkin, J. (2010). *Die empathische Gesellschaft. Wege zu einem globalen Bewusstsein*. Frankfurt a. M.: Campus.

Rifkin, J. (2011). *Die dritte industrielle Revolution: Die Zukunft der Wirtschaft nach dem Atomzeitalter*. Frankfurt a.M.: Campus.

Roam, D. (2013). *The Back of the Napkin*. New York: Portfolio / Penguin.

Röpke W. (1979). *Maß und Mitte*. Bern: Haupt Verlag.

Röttger, U., & Stahl, Janne (2015). *Karriere im Kommunikationsmanagement: Berufserwartungen der Kommunikationsexperten von morgen*. Leipzig: Akademische Gesellschaft für Unternehmensführung & Kommunikation.

Rolke, L. & Sass, J. (2016) (Hrsg.). *Kommunikationssteuerung*. Berlin, Boston: Walter de Gruyter.

Rosa, H. (2016). *Resonanz. Eine Soziologie der Weltbeziehung*. Berlin: Suhrkamp.

Rothenberger, L. (2018). Gewalt ist die Botschaft. In: *prmagazin*, 12/2018, S. 80-86.

Rousseau, J.J. (2012) [1762]. *Der Gesellschaftsvertrag oder Grundsätze des politischen Rechts*. Köln: anaconda.

Rüegg-Stürm, J. & Grand, S. (2015). *Das St. Galler Management-Modell*. 2. Auflage. Bern: Haupt.

Saint- Exupéry, A. d. (2015) [1943] . *Der kleine Prinz*. Köln: Anaconda Verlag.

Sarte, J.-P. (1967). *Kritik der dialektischen Vernunft*. Hamburg: Rowohlt.

Schlinkert, R.& Raffelhüschen, B. (2015). *Deutsche Post Glücksatlas 2015*. München: Albrecht Knaus Verlag.

Schmidt, E. & Cohen, J. (2013). *Die Vernetzung der Welt*. Hamburg: Rowohlt.

Scoble, R., & Israel, S. (2006). *Naked Conversations. How Blogs are Changing the Way Businesses Talk with Customers*. Hoboken: Wiley.

Schwaiger, M, Eberhardt, J., Mahr, S. (2015). Corporate Reputation als optimale Steuerungsgröße für die Unternehmenskommunikation. In: F.R. Esch, T. Langner, M. Bruhn (Hrsg.): *Handbuch Controlling der Kommunikation*, S. 1-20. Wiesbaden: Gabler Verlag.

Seidman, D. (2007). *How*. New York: Wiley.

Silver, N. (2012). *The Signal and the Noise*. New York: Penguin.

Simcic Brønn, P., Romenti, S., Zerfass A. (2016) (Hrsg.). *The Management Game of Communication*. Bingley: Emerald.

Six, U., Gleich, U., Gimmler, R. (2007) (Hrsg.). *Kommunikationspsychologie – Medienpsychologie*. Weinheim, Basel: Beltz Verlag.

Smith, A. (2004). *Theorie der ethischen Gefühle*. Übers. u. Hrsg. Von Walther Eckstein. Hamburg: Felix Gmeiner.

Snow, C.P. (1998). *The Two Cultures*. Cambridge: Cambridge University Press.

Sriramesh, K., Zerfass, A., Kim, J.-N (2013). *Public Relations and Communication Management*. New York, London: Routledge.

Sternberger, D, Storz, G, Süskind, W.E. (1968). *Aus dem Wörterbuch des Unmenschen.* Nach der erweiterten Ausgabe. 1967, 3. Auflage 1968. Frankfurt a.m., Berlin: Ullstein.

Stöber, R. (2013). *Neue Medien. Geschichte.* Bremen: edition lumière.

Stroh, W. (2011). *Die Macht der Rede.* Berlin: List.

Susskind, R. & Susskind, D. (2015). *The Future of the Professions.* Oxford: Oxford University Press.

Swart, T., Chisholm, K., Brown, P. (2015). *Neuroscience for Leadership.* Hampshire: Palgrave Macmillan.

Szyszka, P. (2017). *Beziehungskapital. Akzeptanz und Wertschöpfung.* Stuttgart: Kohlhammer.

Tench, R. & Yeomans, L. (2017) (Hrsg.). *Exploring Public Relations.* 4. Auflage. Harlow: Pearson.

Tench, R., Verčič, D., Zerfass, A. et al. (2017). *Communications Excellence. How to develop, manage and lead wxceptional communications.* Cham: Palgrave Macmillan.

Tolkien, J.R.R. (2012). *Der Herr der Ringe, Band 2. Die Zwei Türme,* Stuttgart: Klett-Cotta.

Tomic, Valentina (2011). *Theorien des Sozialkapitals von Bourdieu, Coleman und Putnam. Ein systematischer Vergleich.* Norderstedt: Grin.

Tönnies, F. (1922). *Kritik der öffentlichen Meinung.* Berlin: Springer.

Türcke, C. (2002). *Erregte Gesellschaft.* München: C.H. Beck.

Turing, A. (1950). Computing Machinery and Intelligence. In: *Mind,* LIX, 236, S. 433-460.

Ulfkotte, U. (2014). *Gekaufte Journalisten.* Kopp Verlag: Rottenburg.

Valery, P. (1987). *Cahiers/Hefte.* Hrsg. von H. Köhler u. J. Schmidt-Radefeldt, Bd. 1. Frankfurt a.M.: Fischer Verlag.

Vahs, D. (2009). *Organisation.* 7. Auflage. Stuttgart: Schäffer-Poeschel.

Virilio, P. (2015). *Rasender Stillstand.* 5. Auflage. Frankfurt a.M.: Fischer Verlag.

Vosoughi, S., Roy, D., Aral, S. (2018). *The spread of true and false news online.* Science, Vol. 359, Issue 6380, S. 1146-1151.

Waller, D. & Younger, R. (2017). *The Reputation Game.* London: OneWorld.

Watzlawick, P. (1976). *Wie wirklich ist die Wirklichkeit?* München: Piper.

Weber, M. (1988). Wissenschaft als Beruf. In: J. Winckelmann (Hrsg.): *Max Weber. Gesammelte Aufsätze zur Wissenschaftslehre,* S. 582-613. 7. Auflage. Tübingen: J.C.B. Mohr.

Weischenberg, S, Scholl, A., Malik, M. (2006). *Die Souffleure der Mediengesellschaft: Report über die Journalisten in Deutschland.* München: UVK.

Wersig, G. (1989). *Organisations-Kommunikation.* Baden-Baden: FBO-Verlag.

Winckelman, J. (1988) (Hrsg.). *Max Weber. Gesammelte Aufsätze zur Wissenschaftslehre,* 7. Aufl. Tübingen: J.C.B.Mohr.

Winkler, H. A. (2014). *Geschichte des Westens. Vom Kalten Krieg zum Mauerfall.* München: C.H. Beck.

Wittgenstein, L. (1963) [1921]. *Tractatus logico-philosophicus*. Frankfurt a.M.: edition suhrkamp.

Wolfe, T. (2008). *Fegefeuer der Eitelkeiten*. 5. Auflage Hamburg: Rowohlt.

Zedtwitz-Arnim, G.-V. v. (1961). *Tu Gutes und rede darüber. Public Relations für die Wirtschaft*. Berlin u. a.: Ullstein.

Zerfaß, A., Bentele, G., Schwalbach, J. et al. (2013). *Untenehmenskommunikation aus der Sicht von Vorständen und Kommunikationsmanagern – Ein empirischer Vergleich*. Leipzig: Akademische Gesellschaft für Unternehmensführung und Kommunikation.

Zerfaß, A., Ehrhart, C., & Lautenbach, C. (2014). Organisation der Kommunikationsfunktion: Strukturen, Prozesse und Leistungen für die Unternehmensführung. In A. Zerfaß & M. Piwinger (Hrsg.), *Handbuch Unternehmenskommunikation*, S. 987-1010. Wiesbaden: Springer Fachmedien.

Zerfaß, A, & Kiesenbauer J. (2014). *Strategen, Visionäre und Netzwerker der Unternehmenskommunikation*. Münster: MV-Wissenschaft.

Zerfaß, A., Verhoeven, P., Tench, R. et al. (2014). *European Communication Monitor 2014. Exploring trends in big data, stakeholder engagement and strategic communication. Results of a Survey in 43 Countries*. Brussels: EACD/EUPRERA, Quadriga Media Berlin.

Zuboff, S. (2018). *Das Zeitalter des Überwachungskapitalismus*. Frankfurt, New York: Campus.

Der Autor

Christof E. Ehrhart verfügt über mehr als 25 Jahre Berufserfahrung im strategischen Kommunikationsmanagement internationaler Konzerne. Seit 2019 verantwortet er weltweit Unternehmenskommunikation, Außenbeziehungen und Markenmanagement des Technologie- und Dienstleistungsunternehmens Robert Bosch GmbH. Zuvor leitete er zehn Jahre den Zentralbereich Konzernkommunikation und Unternehmensverantwortung bei Deutsche Post DHL Group in Bonn. Davor war er unter anderem Kommunikationschef des Pharmaunternehmens Schering und des Luft- und Raumfahrtkonzerns EADS.

2013 wurde er zum Honorarprofessor für Internationale Unternehmenskommunikation an der Universität Leipzig ernannt, nachdem er u. a. an der FU Berlin und der Universität Zürich Lehraufträge für internationale Unternehmenskommunikation wahrgenommen hatte. Ehrhart studierte Politikwissenschaft, Wirtschaftsgeschichte und Literaturwissenschaft an der Universität des Saarlandes und der University of Wales, College of Cardiff. Nach der Promotion in Politikwissenschaft und journalistischer Tätigkeit wechselte er in die Wirtschaft.